바람이 만난 한국의 四季

익산시 춘포면 들녘길에서

오종호

평생을 교육자로 살아오다가 퇴직 후 사진작가로 변신, 한국의 비경을 찾아 전국을 누빈 여행작가다. 사계절이 있는 풍경이 어떻게 아름다운지 이 나라를 사랑하는 이들에게 선물 하나 남기고 싶어 작심하고 열정을 바친 것이다. 생동하는 정보를 담은 짤막한 글을 곁들여 읽는 재미와 함께 수려한 사진을 감상하면서, 출사나 여행 안내서가 될 수 있는 새로운 패러다임을 제시, 은퇴생활을 보람 있게 지내려 한 전직 교장이다.

· 〈언택트 한국여행〉 출간(2020년)
· 한국사진작가협회 회원

· 이 책을 내기까지 전성철 작가와 며느리의 노고가 컸음을 기억합니다.

- 저자 -

여행 포토에세이

바람이 만난 한국의 四季

오종호 글·사진

북랩

관매도 가는 새벽 뱃길

항해

인생은 태어나면서부터 떠나는 것이 일상이다.
절대를 향해 돌아올 수 없는 길임을 깨달으면서
잠시 스쳐가는 희로애락에 一喜一悲할 수는 없지 않은가.
때로는 풍랑이 길을 막아도
오히려 동력을 생성해 주는 힘의 원천,
윤슬의 바다도 떠나야 만나는 것이다.
내일의 태양은 얼마나 찬란할까.
그것은 도전자의 몫이니….

2021. 7.
- 병상에서 -

바람이 되고 싶어

바람처럼 살고 싶었다. 세상사 다 잊고 떠나고 싶으면 훌쩍 떠나고…. 퇴직을 하자, 드디어 자유의 몸이 되어 길을 나서기 시작했고, 때마침 배운 사진은 그 길을 더 즐겁게 했다. 소멸되는 찰나를 자기만의 시선으로 포착, 예술로 승화시키는 사진의 매력에 빠진 것이다. 걷기가 필수다 보니 건강은 보너스. 금상첨화라고 좋아했더니, 호사다마였던가.

뜻밖에 지지난 여름 중환자실에서 달포 넘게 사투, 일주일을 넘기기 힘들겠다는 말에 장례준비까지 했다는 것이다. 그런 황망함 속에 엄습해오는 고독을 이기지 못해 집필로 잊으려 했고, 그 집념이 기적을 이루었다며 병원에선 놀라워했다.

이런 특별한 경험은 세상을 깊은 애정으로 바라보게 하여, 10 수년 넘게 전국을 누빈 사진생활을 정리하고, 새로운 시선으로 보완해 세상에 내놓게 된 것이다. 전에 간행한 〈언택드 한국여행〉의 일부가 포함되긴 했지만, 대폭 수정한 데다 새 작품들로 구성한 전혀 다른 책으로, 비교적 덜 알려진 곳을 중심으로 엮었다.

생각하면, 인생도 이런 여정의 일부 아닌가. 그 여정 중에 만났던 산사의 한 비구니 스님과 나눈 문통 몇 편을 덧붙여 읽을거리로 삼고, 뜻하지 않은 인생길의 인연도 생각하게 했다. 이제 이런 편지도 없어진 세상. 이메일에 밀린 빨간 우체통이 추억처럼 쓸쓸하다.

바람이 분다. 멈춘 줄 알았던 바람이 다시 분다. 사람을 젊게 하는 것은 사랑과 여행이라는데, 한 가닥 바람이 불면 무슨 인연을 또 만날 수 있으려나, 휘몰아치다가도 흔적 없이 사라지는 무심한 바람, 바람인데….

2024년 5월 오종호 글.

차례

봄, Spring

여름, Summer

가을, Autumn

겨울, Winter

봄, Spring

경주 보문정의 봄

01.

한국 관광의 별, 청와대

우아한 조경과 품격 있는 건물로 세계의 대통령궁 중에서도 빼어나게 아름답다는 청와대. 그 청와대가 개방되자 몰려드는 사람들로, 단번에 관광 명소로 부상하였다. 경복궁 후원이었던 자리에, 일제 때는 총독의 관저로, 정부 수립 후에는 경무대가 들어앉으며, 4·19 후부터 청와대로 불려오던, 청기와 지붕이 아름다운 북한산 밑의 푸른 동산. 이 나라 근·현대사와 영욕을 함께 한 살아있는 역사의 현장으로, 경복궁과 짝을 이루며 세계적으로도 독특한 '한국관광의 별'이 되었다. 말 못할 고뇌로 잠 못 이루는 밤은 얼마나 많았을까. 깊은 연민에 빠져 관저를 바라본다.

02.
한국인의 본향, 순천 낙안읍성

500년 역사를 오롯이 간직한 이조의 계획 도시 낙안읍성. 120세대 300여 주민들이 농사를 지으며 대장간도 운영하는 등, 옛날 방식대로 살고 있는 영원한 우리의 고향이다. 새색시 놀리며 까르륵대던 빨래터도, 시어머니 흉을 보며 수다를 떨던 툇마루도 그대로다. 노거수며, 성곽이며, 옛 생활을 엿볼 수 있는 민속자료도 그대로 보존하고 있는 낙안읍성은 우리 삶의 귀한 박물관. 가을철에는 남도음식축제를 열어 전국의 식도락가들을 설레게 하기도 한다. 오늘은 남은 내 생애에서 처음 맞이하는 날, 어둠을 살라먹는 불빛을 보며 약동하는 새봄의 에너지를 느낀다.

03.

봄꽃의 세계적 명소, 광양 청매실농원

섬진강 홍쌍리댁에 매화꽃이 피면, 반도에 봄이 왔구나 실감케 된다. 시아버지가 심어놓은 5000여 주의 묘목을 며느리가 일궈 일으킨 광양 청매실농원. 산등성이 온통 매화꽃이고, 섬진강 따라 천지가 매화꽃밭이 되면, 100만 명도 넘게 상춘객들이 몰려와, 강변은 한바탕 난리를 펴고, 여행 플랫폼의 봄꽃 여행지 6선에도 뽑혀 세계적 명소가 되었으니, 이쯤 되면 광양 땅은 봄의 메카 아닌가. 화사한 매화꽃이 TV 화면을 덮는 것을 보면, 이 나라 봄은 전라도댁이 쥐고 있는 것 같다.

04.

봄의 그림엽서, Slow City 청산도

완도에서 배를 타고 50분쯤 달려가는 산도 바다도 푸른 섬, 청산도. 바다를 향해 물결치는 노란 유채꽃은 봄소식을 알리는 이 섬의 그림엽서다. '서편제' 영화의 감동이 생생한 당리 언덕은 세계 slow길 1호 명품길이 되었고, 그 길을 걸으려 몰려오는 사람들로 봄이면 섬이 가라앉을 지경. 느리게 걸어야 웃어주고, 느리게 걸어야 풍경이 보인다는 곡선의 길. 평생을 달려온 사람들에게 느림의 미학이 생소하겠지만, 달려서 볼 수 없는 지혜를 깨닫게 하는 삶의 쉼표가 아닐까.

05.

산수유로 팔자를 고친 구례 산동마을

구례 산동면은 산수유의 별천지다. 아직도 지리산에는 잔설이 역력하지만, 노란 산수유가 꽃바다를 이루고, 서시천이 흐르는 반곡마을은 아름다운 마을로 선정되기도 했던 산수유 명소다. 천여 년 전 중국 산동성 여인이 시집오며 가져와, 곡식 한 톨 심어 먹을 땅이 없던 지리산 자락 사람들이 척박한 땅에서도 잘 자라는 이 나무를 심어 산수유 마을로 만들어 놓은 것. 봄에는 상춘객을 불러 재미를 보고, 가을에는 빨간 열매로 또 한 차례 유혹하니, 약재값은 따로 있겠다, 산수유가 상팔자를 만들어줄 줄이야. 인생살이 새옹지마다.

봄

Spring

06.

고색미가 매혹하는 순천 꽃대궐 선암사

승선교와 강선루의 건축미에 놀랐더니, 한눈에 마음을 빼앗는 천년고찰 선암사. 조계종과 태고종의 다툼으로 주인 없는 꼴이 되어 개축을 못해 오히려 고색미가 뛰어난 절이 되었다. 봄의 전령으로 유명한 600년 수령의 선암매를 필두로 온갖 꽃이 잇따라 피어 꽃대궐로 유명하고. 뒷간 해우소는 아득한 낙하점으로 근심이 해소되기는커녕 간담이 서늘해져 나오기 십상이지만, 화장실로는 유일한 명품 문화재다. 가을철 풍경도 뛰어나 한국 산사의 아름다움을 제대로 음미할 수 있는 귀한 곳이니, 이런 절이 또 있을까.

07.

세계 최대의 공룡 유적지, 고성 상족암

경상도 고성 상족암 군립공원은 군립이란 말이 서운할 정도로 수려한 해상 공원이었다. 파도 출렁이는 넓은 암반에서 공룡의 발자국을 찾아보는 것도 신기하지만, 병풍처럼 둘러친 해안 풍경을 감상하며 걷는 산책길이 길도 편해 기분 만점이었다. 3,000여 개나 되는 세계 최대 공룡 유적지라니 놀라운 일. 4km나 되는 데크 둘레길에서 먼 한려수도의 경관도 감상하며, 시설 좋은 공룡 테마공원도 있어 가족여행지로도 환영받을 만하다.

봄

Spring

08.

파도와 기암괴석이 장관인 용머리 해안

거대한 퇴적암이 기묘하게 펼쳐진 용머리는 제주도 해안에서도 최고로 꼽히는 절경이다. 용이 머리를 쳐들고, 막 뛰어드는 형상이니, 하멜이 표류해 오며 얼마나 놀랐을까. 수중에서 화산이 폭발해 이루어진 비경이라니, 자연의 신비에 경탄치 않을 수 없다. 암석 밑 산책로를 따라가면, 물질하는 해녀들이 갓 잡아온 해산물로 소주 한잔도 즐길 수 있는 곳. 해무 낀 산방산과 어우러진 풍경이 몽환적일 만큼 아름답다.

09.
야성의 트레킹 코스, 영덕 블루로드

강구항에서 축산항으로 아침햇살을 받으며 걷는 16km의 해변길은 해파랑길 중에서도 최고로 치는 환상의 트레킹 코스였다. 즐비한 기암괴석이 이어지는가 하면, 고운 백사장이 앞을 막고, 우거진 청솔밭이 발길을 잡는가 하면, 외인촌 같은 멋진 마을을 지나기도 한다. 우렛소리와 함께 성난 파도가 밀려오기도 하고, 암석을 때리는 요란한 굉음이 가슴을 서늘하게 하는 해변, 안일한 일상을 호령하는가, 포말을 일으키며 달려오는 파도가 잠자던 내 야성을 일깨우고 만다.

봄

Spring

10.

꽃터널 속을 걷는 하동 쌍계십리 벚꽃길

섬진강을 따라 들어가는 버스 길부터 장관이더니, 쌍계사까지 걷는 6km의 벚꽃길이 상춘객들로 북새통을 이룬다. 가도 가도 끝없는 화사한 벚꽃터널. 분분히 날리는 꽃비를 맞으며 젊은 쌍이 이 길을 함께 걸으면, 인연을 맺어 백년해로 한다고 혼례길이라 부른다나. 이끼 낀 노목의 벚꽃도 운치 있지만, 화개천이 옆에 따라와 풍경을 더 돋군다. 시발점인 화개장터도 빼놓으면 서운한 구경거리. 시골이라고 무시하면 망신이니, 디지털 기술이 접목된 최신식 장터로 지리산의 오만잡사리가 다 있다지만, 대부분 중국산이라고 숙덕댄다.

11.

전국을 들썩이는 전통의 진해 벚꽃 축제

대단한 벚꽃이다. 아름드리 벚나무들이 일제히 꽃망울을 터뜨리며 도시는 온통 벚꽃으로 일렁이고 있었다. 인구 18만 명의 고장에 36만 그루나 된다니, 진해는 아예 벚꽃밭인 셈. 그중에서도 여좌천 로망스 다리와 경화역 주변이 압권이었다. 축축 늘어진 왕벚꽃 길을 산책하는 시민들은 아름다운 도시에 산다는 자부심이 역력했고, 기차도 세워둬 포토존을 만들어주기도 했다. 해군사관학교며, 진해기지 사령부에 늘어선 벚꽃을 즐길 수 있는 군항제도 겸해, 도시는 완전히 축제로 들떠 있었다.

12.

봄의 찬가,
우도의 유채꽃 바다

제주도의 봄은 유채꽃이 선도한다. 반도엔 아직 눈발이 휘날려도, 동면을 깨워주는 가녀린 꽃. 섬 속의 섬, 우도에 가면, 뜻밖에 황홀한 봄을 만날 수 있는 것이다. 목책을 따라 언덕을 넘어서면, 꿈결 같은 풍경에 경탄케 되나니, 청보리밭과 어우러진 찬란한 유채꽃 바다. 청옥 빛 바다가 유난히 맑고, 해녀들의 본향답게 해산물도 많은 우도에서나 볼 수 있는 아름다운 봄의 찬가다.

13.

강변 수채화, 화순 영벽정

건너편 연주산이 지석강에 투영되어 운치 있게 경치를 감상할 수 있다는 화순 영벽정. 벚꽃과 진달래꽃이 화사한 고즈넉함을 깨고, 철교 위를 달리는 열차가 화룡점정을 찍는다. 강변엔 300년 수령의 버드나무 군락이 누정의 풍광을 더 돋구고…. 누정이란 누각과 정자를 합한 말로, 사방을 둘러볼 수 있도록 마룻바닥을 높게 지어 풍류의 산실이 되었던 곳인데, 요즘엔 풍광 좋은 곳이면 영락없이 카페나 펜션이 들어선다.

14.

탐매객들을 들뜨게 하는 화엄사의 흑매화

숙종 때 중건하며 심은 각황전 흑매화가 탐매객들을 들뜨게 한다. 무채색의 전각과 어우러져 요염하기까지 한 진홍의 폭발. 붉다 못해 검은빛을 낸다고 흑매화로 불리는 이 꽃을 찍기 위해 전국에서 사진가들은 구례로 달려온다. 금년 봄(2024) 사진 콘테스트 때 26만 명이나 다녀갔을 만큼 천연기념물 화엄매로 인기 있는 것이다. 임란 때 왜병과 싸우다 300여 스님이 전사하고, 5,000여 칸의 전각이 모두 불타는 시련을 겪으면서도 꿋꿋이 화엄사상을 펼쳐오는 장한 절, 그 규모의 3분의 1로 줄어든 것이라니, 얼마나 장엄했던 절인가 짐작도 되지 않는 지리산의 거찰이다.

15.

격전지에 핀 평화, 칠곡 가실성당

6·25의 격전지로 유명한 낙동강 유역의 칠곡 가실성당. 빨간 성당 하나가 파괴되지 않고 기적처럼 언덕 위에 우뚝 서 있다. 치열한 전쟁 속에서 남과 북이 야전병원으로 사용, 이 성당은 서로 공격하지 않았던 것. 1895년 프랑스 선교사가 선착장 근처에 세웠던 것을 1923년 명동성당을 설계한 신부의 작품으로 이 자리에 다시 지은 경북 최초의 성당이다. 봄부터 꽃동산을 이루면서 여름철엔 배롱꽃이 특히 아름다워 사진가들이 즐겨 찾는 평화의 상징으로 감동을 주고 있다.

봄
Spring

16.

달이 5개 뜬다는 낭만 여행지, 경포대

하늘에 뜬 달, 바다에 비친 달, 호수에 있는 달, 술잔에 담긴 달, 그리고 당신의 눈동자에 어린 달이라며 손뼉을 치며 즐거워하던 시절이 있었다. 그만큼 강릉 경포대는 젊은이들의 낭만 여행지로 유명했던 곳. 벚꽃 너머에서 경포대 누각이 엿듣는 듯 살짝 지붕이 보인다. 4.3km의 둘레가 온통 벚꽃으로 둘러싸인 푸른 호수. 절정의 순간에 제 몸을 부수고 표표히 사라지는 짧은 생애도 서글프거늘, 어찌하여 이 꽃은 떨어지면서 뿔뿔이 헤어지는 것일까. 볼을 스치며 나부끼는 가녀린 꽃잎이 화사해서 더 애처롭다.

17.

달밤이 죽여준다는 영동 월류봉

달도 반해 머물고 간다는 한천 8경의 으뜸, 영동 월류봉. 다섯 개의 봉우리가 병풍처럼 둘러쳐 있고, 그 제일봉 밑에 정점을 찍은 월류정에는 금세 신선이 나타날 것 같다. 깎아지른 듯한 절벽을 감돌아 흐르는 초강천에 교교히 비치는 달밤의 경치는 특히 죽여준다는데, 어느 화가가 이런 수묵화를 그릴 수 있을까. 한때 송시열 선생도 인근에 서재를 지었다니, 당대의 학자도 월류봉엔 미혹되었던가 보다.

18.

창녕 만년교의 환상적인 춘경

창녕군 영산면에 있는 만년교는 봄 풍경이 빼어난 숨은 명소다. 1780년(정조 4년) 축조된 자그마한 돌다리 옆으로 노란 개나리와 수양벚꽃이 흐드러지게 피어, 아치형 반영과 어우러지며 환상적인 선경을 연출하는 것이다. 연분홍 벚꽃 등이 둘러싼 이웃의 연지못에서는 가녀린 꽃잎이 와르르 쏟아져 경탄이 절로 나오게 되니, 이토록 황홀한 몰락을 본 일이 있던가. 기막힌 봄의 결정판이다.

19.

시민들의 휴식처가 된 아름다운 현충원

서울에서 가장 아름다운 봄나들이처로 동작동 국립묘지가 될 줄은 몰랐다. 연분홍 아름드리 수양벚꽃을 비롯하여 목련, 개나리, 심지어 산벚꽃까지 어우러진 풍경은 한마디로 선경을 방불케 한다. 그중에도 압권은 학도군 위령비 뒤쪽과 현충천이다. 가을 단풍도 기대 이상인 이곳은 교통이 좋은 것도 큰 매력이라, 9호선 동작역 8번 출구로 나가면, 정문이 바로 코앞. 가는 곳마다 꽃길이라, 무릉도원이 따로 없다. 더구나 이곳에는 꽃보다 아름다운 10만여 명의 젊은이들이 누워 있지 않은가.

봄

Spring

20.

장성 야은재의 영산홍 꽃잔치

강렬한 진홍의 꽃으로 늦봄을 장식하는 영산홍. 붉은 왜철쭉과 흔히 혼동하지만, 선홍빛 토종과는 차원이 다르다. 전라도 장성호 밑 야은재에 가면, 400년 수령의 진짜배기 토종 영산홍을 볼 수 있는 것. 처마 밑으로 뻗어 나온 낙락장송 곁에 진홍의 이 꽃이 피기 시작하면, 지역 유지들을 초청해 대를 이어 꽃잔치를 열어왔다는 것이다. 술잔에 꽃잎을 띄우고 봄을 만끽하는 풍류가 주인장이 살아 계시던 최근까지 이어졌다며, 추억에 젖는 안주인 얼굴에도 아련히 꽃물이 물들어 갔다.

21.

드라마 촬영지로 유명해진 공세리성당

한국에서 가장 아름다운 성당이라는 언덕 위의 빨간집 아산 공세리성당. 우람한 느티나무 뿌리가 풍상을 겪어온 이 성전의 역사를 말해준다. 해상과 육로를 연결하는 포구였던 이곳은 세곡을 저장하던 곡식창고였으나, 지금은 상처를 치유해주는, 영혼의 안식처로 진화해 아름다운 성전으로 발전을 했다. 이 성당의 초대 프랑스 신부가 자기네 나라에서 배워온 기술로 신자들의 상처를 치료해준 것이 전파되어 유명한 이명래 고약의 발원지가 되기도 했다.

22.

산길도 정겨운 산사, 서산 개심사

임란의 전화를 용케 피한 보기 드문 절 개심사는 산사의 아름다움을 고루 갖춘 명품 고찰이다. 봄이면 왕벚꽃을 비롯한 온갖 꽃들이 꽃동산을 이루어, 주말이면 진입도 못할 지경으로 인산인해를 이루는 절. 다른 지역보다 늦게 피어 때를 놓친 상춘객들에겐 더구나 고마운 절이다. 국내에 별로 없는 청벚꽃이며, 휘어진 나무 그대로 기둥으로 삼은 범종각과 심건당이 감상 포인트다. 꽃더미를 뚫기 전 외나무다리를 건너다가 연못에 죄가 비치면 참배를 못 한다니 이런 낭패가 있나.

23.

사진가들의 인기 출사지, 경산 반곡지

연분홍 복사꽃이 가슴을 설레게 한다. 20여 그루의 100년생 왕버드나무와 함께 물속에 어우러진 반영을 찍기 위해 사진가들이 몰려오는 경산 반곡지. 주변이 온통 복사꽃밭이다. 봄의 훈풍이 복사꽃잎을 날리면, 아녀자의 가슴이 까닭 없이 들뜬다고 양반집 마당에는 심지 않았다는 나무. 행여 무딘 가슴에도 봄바람이 스칠까, 사진놀이를 핑계 삼아 복사꽃밭을 누비다가 실없는 짓에 실소만 한다.

봄

Spring

24.

불교예술의 극치, 함양 서암정사

암석에 조각된 석상들이며, 풍경과 어우러진 연지, 거대한 기암괴석이 지리산을 배경으로 절경을 이루는 서암정사. 6·25 격전지였던 일대에서 희생된 수천 명의 젊은 원혼을 달래기 위해 암반을 파고 불교의 이상세계를 조각한 석굴법당은 그중에서도 불교예술의 극치를 보여주어 건축계의 큰 관심을 끌고 있다. 조선 선불교의 종가인 이웃 벽송사 원응 스님이 1989년부터 10여 년간 불사한 신생 사찰이지만, 사시사철 아름다워 탐방객들의 발길이 끊이지 않는, 돌 위에 지은 우리나라 유일한 정사다.

25.

성찰과 치유의 12사도 순례길

신안 앞바다에 조성된 기점·소악도 등 네 개의 섬을 이어주는 12km의 순례길로 잊혀진 낙도가 천지개벽하고 있다. 썰물 때면 나타나는 노두길 끝에 문득 서 있는 자그마한 예배당. 이 고장 출신 여성 순교자 문준경 전도사의 발자취를 따라 예수의 12제자 이름을 딴 예배당을 찾아가는 것이다. 국내외 설치 미술가들이 세운 건물들은 묵상의 공간이 되기도 하고, 쉼터가 돼도 좋다. 평화로운 섬 풍경을 보며 걷는 순례길이 삶을 성찰하는 치유의 길로 주목 받고 있다.

26.

울릉도의 최고 비경, 행남 산책길

같은 화산섬이면서 울릉도는 제주도와 판이하게 달랐다. 제주도가 여성적인 초원의 섬이라면, 이곳은 남성적인 바위섬이었다. 백사장을 따라 얕게 펼쳐지는 청옥빛 바다가 아니라, 급전직하의 심해와 맞닥뜨리는 검푸른 바다였다. 암석을 깎아 만든 행남 산책길은 울릉도의 이런 속살을 가장 잘 보여주는 최고의 비경길. 바다에 빠질 듯이 곤두박질치다가도 가파르게 오르는 철판길에 허덕이면서, 잠시도 곁눈을 팔 수 없는 비경의 오솔길이었다.

27.

망망대해에 떠 있는 독도의 비경

울릉도에서 쾌속선으로 1시간 40분쯤 달려간 독도는 첫눈에도 신비스러운 풍경으로 흥분케 했다. 잠시 상륙해 있는데도 파도는 선착장까지 몰아쳤고, 검푸른 바다는 삼킬 듯 넘실댔다. 딱 20분 허락된 입도시간이라, 그래서 더 긴박했고, 벅찬 감격으로 샷을 누르기에 바빴다. 주민과 경비대원, 등대원 등 30여 명이 마을을 이루고 있는, 망망대해 위의 어엿한 우리 국토. 두 개의 큰 섬과 크고 작은 암석들이 군락을 이룬 이 섬은 뜻밖에 바다 위의 비경이었다.

봄

Spring

28.

서울의 대표적 관광 명소, 잠실 석촌호

한국에 온 외국 관광객들이 가장 선호하는 곳으로 빠지지 않는다는 서울의 유일한 자연형 호수 석촌호. 그 석촌호가 봄이 되면, 화려한 벚꽃 호수가 되어 상춘객들을 유혹한다. 천여 그루의 왕벚꽃이 꽃터널을 이루어, 명실공히 서울의 대표 명소가 된 것. 도심에서 꽃비를 맞으며 걷는 호수길에 환호하기도 하고, 와르르 쏟아지는 꽃잎들이 푸른 물결과 어우러지는 풍경에 넋을 잃기도 한다. 더구나, 롯데월드 타워와 매직 아일랜드가 어우러져 밤이면 더 황홀한 야경으로 서울의 추억을 만들어 주나니….

29.

목련꽃 피면 그리워지는 천리포 사모곡

1946년 연합군으로 한국에 왔다가 평생 독신으로 살면서 한국인보다 더 한국을 사랑한 미 해군 중위 출신 Carl Ferris Miller(1921~2002) 씨. 태안 바닷가로 여행하다가 만난 농부의 딱한 사정을 외면 못 하고 매입한 불모지를 아시아 최초로 '세계의 아름다운 수목원'으로 만들어놓고 떠난 대한민국 첫 귀화인 민병갈 씨다. 불모의 낯선 땅에서 곡괭이를 들고 있는 그의 모습은 상상만 해도 가슴이 아리다. 미국에 홀로 남은 어머니가 보내준 노란 목련꽃이 피기를 기다리며 외로움을 달랬다는 푸른 눈의 한국인. 목련꽃 필 무렵이면, 천리포 파도소리에 실려 오는 그의 사모곡이 그리워, 세상에서 가장 아름답다는 그 수목원으로 마음이 먼저 달려간다.

30.

만점 여행지라는 진안 마이산의 춘경

우리나라 관광지 중에서 마이산 춘경만큼 다양한 곳이 있을까. 장장 2.5km나 되는 연분홍 산벚꽃 터널에 넋을 잃다가 영락없이 말귀를 닮은 마이산 산봉이 비친 호수의 정경에 발길이 붙잡히고 만다. 100여 년 전, 이갑룡 처사가 쌓았다는 돌탑 80여 개가 신비투성이고, 10여 분쯤 더 오르면, 숫마이봉 은수사 옆 이성계가 심었다는 창성한 배꽃에 입이 딱 벌어진다. 오죽하면 세계적 여행 안내서 <미슐랭 그린 가이드>에서 만 점짜리 한국 여행지로 소개했을까.

31.

한국의 숨은 비경, 증도의 염전 풍경

다도해의 천사섬 신안군에 있는 증도의 염전 풍경은 육지에서는 보기 힘들 만큼 신비로워 치명적으로 유혹했다. 붉은 함초밭에 하늘거리는 하얀 삘기꽃. 빛바랜 소금창고 옆에 아스라이 늘어선 전신주들. 잠시 태어났다가 사라질 운명이면서 무엇이 그리 즐거운지 요란하게 춤을 추는 삘기꽃이 인생의 한 모습을 보는 것 같아 애련함에 젖는다. 한국의 최대 천일염 생산지로, 염생식물이 갯벌에 물결치는 이 경이로운 풍경을 CNN에서는 한국의 비경 7순위로 꼽기도 했다.

32.

겹벚꽃과 수양벚꽃이 황홀한 천안 각원사

언제부터인가 봄만 되면 벚꽃이 전국을 덮어 성황이지만, 대부분 일본산이란 것을 알고는 있을까. 급기야 우리 생태학자들이 나서 토종 제주산으로 교체, 2050년 경이면 더 예쁜 우리 벚꽃의 춘경으로 즐기게 한다니 고마운 일이다. 천안IC 이웃에 있는 태조산 기슭 각원사에 가면, 신생 절답지 않게 수양벚꽃과 겹벚꽃의 극치를 볼 수 있고, 동양 최대의 청동 좌불과 웅장한 대웅보전 등 볼거리도 많아 봄여행지로 각광 받고 있다.

봄

Spring

33.

요정이 절로 변한 아, 길상사

천억 원이나 되는 큰 재산을 내놓다니 아깝지 않으냐는 기자의 질문에 그 사람의 시 한 줄만도 못하다며 통째로 대원각을 시주한 김영한 보살. 그의 뜻을 거절하다가 법정 스님이 장안에서 손꼽던 요정을 '맑고 향기로운 절'로 환생시킨 도량이 길상사다. 22세의 신여성 기생이 인텔리 시인 백석과 사랑을 나누다가, 한국전쟁에 남북으로 갈라져 평생을 그리움 속에 살아온 여인. 요정 시절 그대로, 뛰어나게 아름다운 정원의 옛 밀실이 변한 요사체를 바라보며, 한 여인의 비원이 서린 이 절이 부디 관광지가 아닌, 고뇌의 쉼터가 되기를 빈다.

34.

석탄일에만 개방하는 문경 봉암사

희양산 중턱에 있는 문경 봉암사는 한국불교의 최고 수행도량으로 석탄일에만 딱 한번 흰 연등을 단 모습을 보여주는 서릿발 같은 선풍이 감도는 절이다. 1947년, 성철, 청담 스님 등이 중심이 되어 한국불교의 정화를 외친 봉암결사는 우리 불교사에 큰 획을 긋는 대사건이다. 조계종은 이곳을 특별 수도원으로 선포하고, 희양산 일대를 성역화했다. 마애불이 있는 백운대는 옥수가 철철 흐르는 천하비경. 점심공양을 위해 줄을 선 수많은 참배객들의 모습이 끝도 없을 만큼 장관이다.

35.

이국적 풍경이 매혹적인 당진 신리성지

천주교 병인박해 때의 순교 유적지인 신리성지가 풍경이 뛰어나 명소로 떠오르고 있다. 습지공원에 세워진, 다블뤼 주교를 비롯한 다섯 성인의 이름을 딴 순례객들의 기도처가 된 앙증맞은 경당이며, 그 끝자락에 우뚝한 순교미술관의 소박미가 강렬한 인상을 준다. 옥상 전망대에서는 국내에서 쉽게 볼 수 없는 내포평야의 시원한 지평선도 감상할 수 있는 등, 데이트하기도 좋지만, 경건해야 할 성지의 분위기를 깨, 수녀님들은 골머리를 앓고 있다.

봄

Spring

36.

한국의 베들레헴, 합덕 솔뫼성지

유네스코 세계기념인물로 선정된 한국 최초의 사제 김대건 신부. 그의 탄생지 합덕 솔뫼는 증조부로부터 본인에 이르기까지 4대의 순교자를 배출한, 세계사에 유례없는 귀한 성지다. 신부생활 1년 1개월 만인 26세에 순교하기까지 뜨거운 삶의 원천이 되었던 이 작은 마을은 이제 신앙의 못자리가 되어 세계인의 순례지로 각광을 받고 있다. 솔향 짙은 아름다운 동산에 있는 생가며, 기념관, 예수의 12제자 상이 둘러싼 아레나광장 등이 깊은 감명을 준다.

37.

전쟁이 만든 이색 풍광,
부산 감천마을

수려한 해안풍경에 항구도시의 화려함이 어우러진 부산은 전쟁의 상처까지 발전해 우리나라에서 유일하게 선정된 국제 관광도시다. 피란민들이 이룬 감천마을은 부산에서나 볼 수 있는 이색적인 풍광. 이웃과 소통하며 앞은 확 트인 건물을 파스텔 톤으로 단장해 대한민국 공간대상 최고상을 받기도 했다. 세계 어디에서도 볼 수 없는 독특한 풍경이라고 외국인들도 감탄하는 부산의 대표 관광지로, 어린 왕자 조형물은 인기 포토존이 되어 발길이 끊이지 않는다.

38.

금지된 샹그릴라, 용비지의 비경

들을 가로질러 몇 구비 돌아가면, 자그마한 저수지가 숨어있다. 숨을 죽이며 먼동이 트기를 기다리자, 드디어 드러내는 저수지. 산벚꽃으로 덮인 산 그림자의 반영이 이렇게 신비스러울 수 있을까. 이곳은 서산시 운봉면에 있는 한우개량사업소. 방목지 안이라, 방역을 위해 철저히 관리되고 있는 출입금지 지역이다. 그럼에도 불구하고 봄철만 되면, 전국에서 몰려드는 사진가들로 몸살을 앓고 있으니… 이때만이라도 특단의 대책을 세워 개방할 수는 없을까. 저수지 위 초원에는 벚꽃동산을 이루며 또 다른 비경이 펼쳐지고 있었다.

39.

이팝꽃 피면, 위양지로 간다

오월의 출사지로 밀양 위양지만큼 매력적인 곳이 있을까. 하이얀 이팝꽃이 연둣빛 신록과 어우러진 풍광은 선경을 방불케 한다. 그중에서도, 섬 안의 완재정은 최고 절경으로, 이팝꽃에 무더기로 둘러싸인 반영이 죽여주는 것이다. 이팝꽃의 꽃말처럼 영원한 사랑을 꿈꾸는 연인들에겐 오월의 데이트 필수 코스. 신라 때 축조된 저수지로 수백 년 된 버드나무와 노송들이 울울창창해 관광지 겸 휴식처로 인기 짱이지만, 주말이면 주차난으로 쩔쩔맨다.

40.

다도해 해상관광의 메카, 홍도

한국인이면 꼭 가보아야 한다는 바다의 보석, 홍도. 자동차 한 대도 없는 자그마한 이 섬은 전체가 기념물인 다도해 해상관광의 메카다. 석양이 비치면 기암절벽으로 이루어진 섬이 붉게 빛나 홍도라 부른다는 섬. 산책하기 좋은 데크 길도 있지만, 이 섬의 백미는 유람선을 타고 둘러보는 해상관광이다. 파도와 싸우고, 바람에 맞서온 바위섬들이 숨막히게 밀려오는 홍도 10경이며, 갓 잡은 해산물을 즐기던 선상횟집의 낭만도 잊을 수 없는 추억이다.

41.

죽기 전에 가보아야 할 비경, 백도

하늘이 도와야 볼 수 있다는 남도의 진주 백도. 멀리서 바라보면 하얗게, 또는 100개로 보여 백도라고 부른다는 이 섬은 거문도에서 유람선을 타고 다시 40분은 달려야 도착하지만, 파도가 심해 결항이 잦다. 60개는 물속에, 39개만 보인다는 바위섬은 상백도군과 하백도군으로 나뉘는 기묘한 신의 작품. 남해 바다의 최고 비경이라는 푸른 바다 위에 전시된 천태만상의 조각품은 죽기 전에 가보아야 할 비경 중의 비경이었다.

42.

신비하지만 문제도 많은 섬, 울릉도

거친 산세와 울창한 원시림. 심해를 끼고 파고드는 울릉도의 속살이며 해안 풍경은 신비롭기만 하더니, 케이블카를 타고 전망대에 오르자, 또 다른 풍광이 눈을 사로잡는다. 날씨 탓으로 독도는 보지 못했지만, 성인봉이며 빼곡한 도동항의 장관이라니…. 그러나 도로가 터질 듯 넘쳐나는 차량이며 난립한 건물 등 문제점도 많았으니 남발하는 공약 등, 지자체의 선심 행정이 망쳐놓았다고 택시기사는 분노하고 있었다. 비단, 울릉도뿐이랴!

43.

하회마을을 빛내는 충효당의 봄

우리나라 대표적인 전통 마을인 안동의 하회마을. 그 마을에 봄이 오면 충효당은 보물로 지정된 고택답게 화사하게 빛났다. 150년 된 백매화가 동산처럼 만개하고 목련꽃과 어우러져 선경을 방불케 한다. 산수유도 예사롭지 않고, 기념관 앞으로 뻗친 노송도 장관이다. 영의정까지 지낸 대학자 서애 류성룡(1542~1607) 선생의 위패를 모실 집 한 칸 없자, 후손들과 후학들이 지어 바쳤다는 고택. 대문 앞에는 엘리자베스 영국 여왕이 심은 구상나무가 이 집의 품격을 더해주고 있었다.

44.

한강을 채색한 구리시 유채꽃 바다

수채화를 이처럼 아름답게 그릴 수 있을까. 질펀하게 펼쳐진 노란 유채꽃 밭 옆에 언뜻언뜻 보이는 푸른 한강. 흰 구름은 두둥실 하늘도 예뻐, 셔터를 누르면서도 가슴이 뛴다. 오월이면 꽃바다를 이루는 한강변 유채꽃은 이른 봄을 채색하는 제주도의 유채꽃과는 다르다. 푸르러 가는 신록 위에 쏟아진 노란 물감의 세례는 무르녹는 봄을 더 산뜻하게 해 주나니, 이웃사촌인 구리시민공원 덕분에 서울사람들이 호사를 한다.

45.

황매산에 펼쳐진 철쭉꽃의 향연

장관이다. 우리나라 최대 철쭉꽃 군락지라더니, 사방이 모두 철쭉꽃 바다였다. 합천과 산청 경계에 있는 거대한 황매산이 온통 철쭉꽃으로 덮인 것. 산 중턱까지 버스로 올라가니 부담도 없어 주말이면 인산인해를 이룬다. 기암괴석이 어우러져 경관이 수려하고, 목장터였던 평원도 있어, 이국적 풍광이 매력적인 산이다. 가을이면, 언제 그랬더냐는 듯이 억새 군락지로 변해, 은빛 물결로 새로운 장관을 이루는 인기 있는 산이다.

46.

절경마다 전설이 붙잡는 청송 주왕산

오월의 주왕산은 가을 못지않게 아름다웠다. 우람한 기암괴석과 여기저기서 만나는 폭포들, 연녹색 숲과 붉은 수달래, 주왕이 대왕기를 꽂았다는 전설의 기암도 볼수록 신기한 청송의 명산이다. 당나라 반정에 실패한 주왕이 이곳까지 피해 왔다가 쫓아온 마왕의 화살을 맞고 죽은 피가 주방천 계곡을 적시며 핀 꽃이라는 수달래. 그 원혼을 달래는 암자에선 지금도 목탁을 두드리고, 수달래 축제를 매년 여는 신비한 바위산이다.

47.

잃어버린 왕도에는 작약꽃만 흐드러지고

잃어버린 조문국의 왕도였다는 경상도 소읍 의성에는 300여 기의 고분군이 나그네의 발길을 붙잡는다. 광장에 있는 1,600여 평의 작약밭에는 만개한 자줏빛 꽃이 푸른 초원 위에 장관을 이루고 있었으니…. <삼국사기>에 단 한 줄, 신라 벌휴왕 2년(서기 185) 복속되었다고 기록된 삼한시대의 조문국. 신라에 병합된 뒤에도 독자적인 문화를 꽃피웠다고 주장하는 이곳 향토 사학자들의 자부심처럼, 오월이면 작약꽃이 숨 막히게 피어난다.

48.

이국적인 남국의 풍광, 외도 보타니아

이국적 풍광이 눈길을 사로잡는 거제도에 딸린 자그마한 섬, 외도 보타니아. 한 필부가 척박한 바위산과 싸워 낙원으로 만들어 놓은 인간 승리의 섬이다. 3,000여 종의 희귀 열대식물과 어우러진 풍광이 가슴 뛰게 하지만, 밀리는 인파로 1시간 30분으로 제한해 주마간산 격으로 볼 수밖에 없다. 남해로 낚시를 갔다가 우연히 만난 이 섬을 운명적으로 개척해 별천지로 만들어 놓고, 홀연히 떠난 이창호 씨. 그를 그리는 부인의 애절한 사부곡이 아리게 가슴을 친다.

49.

백제의 미소, 서산 마애삼존불

1958년 문화재 현장 조사반이 나무꾼한테 듣고 발견했다는 서산 마애삼존불. 우리나라 마애불 중 가장 뛰어난 이 문화재는 천여 년을 풍찬노숙하다가 이렇게 극적으로 나타났다. 과거불과 미래불을 좌우에 조각한 이 삼존불은 빛이 비치는 방향에 따라 다르게 보이는 미소의 예술성으로 걸작이라 평가받는다. 백제의 석공은 이 노작으로 극락왕생은 했을까. 이런 오지의 심산 절벽에서 무슨 꿈을 꾸며 조각했을까. 산을 내려오면서도 갖가지 생각이 꼬리를 물고 사라지지 않는다.

50.

신이 만든 정원이라는 용인 호암미술관

봄에는 벚꽃이, 가을에는 단풍이 소장품보다 더 소문난 용인 호암미술관. 삼성의 창업자 호암 이병철 선생이 설립한 후, 그의 딸이 개원한 '희원'은 신이 만든 정원이라고 찬사를 들을 만큼 전통 정원의 운치가 돋보인다. 진입로에 들어서자 화사한 벚꽃 터널이 비명을 지르게 하고, 산등성을 덮은 산벚꽃들은 질식할 정도. 울긋불긋한 꽃들이 호수와 어우러진 풍경이 발길을 붙잡더니, 미술관 뜰에 들어서자 기어코 입이 딱 벌어진다.

51.

꼭꼭 숨어있는 비구니 선원 윤필암

첩첩이 쌓인 깊은 산 속에 숨어있는 한국의 대표적 비구니 선원, 문경 윤필암. 침잠된 무욕의 고요 속에 치열한 구도의 삶으로 불타고 있는 정사 앞에서 한동안 서 있을 수밖에 없었다. 복사꽃 같은 나이에 머리를 깎고, 절해고도 같은 산 속에서 구도의 길로 생애를 바친다는 것은 얼마나 가슴 저미는 일인가. 정사 안엔 우리 들꽃들을 다 모아 놓았다는데, 꼭꼭 문이 잠겨 돌아서는 수밖에 없었다. 사불산 정상의 사불석불을 유리벽을 통해 참배케 한 사불전이 진한 감동을 준다.

52.

폐사지의 미학, 월남사지의 3층 석탑

장대한 월출산의 영봉들이 병풍처럼 감싼 광야에 덩그러니 솟아있는 석탑 하나. 텅 빈 사위의 정적을 깨듯 의연히 서 있는 늠름함에 아, 절로 탄성이 터져 나온다. 강진군 성전면 월남리에 있는 월남사지의 3층 석탑은 백제의 옛 지역으로 백제탑을 많이 닮은 고려 석탑. 석공과 아내의 애틋한 전설과 함께 특유의 저물녘 분위기가 묘한 감동을 주는데, 전각들이 복원되면 이 특별한 분위기는 다시 만날 수 없는 귀한 사진이 될 것 같다.

53.

명저의 산실,
강진 다산초당

다산 정약용이 40세 되던 1801년 천주교에 연루되어 18년간 유배생활을 했던 강진. 그중에도 후학을 기르며 10년을 보냈다는 만덕산 초당이 깊은 감회를 준다. 목민심서를 비롯해 500여 권의 명저를 이곳에서 저술했다니, 역설적으로 유배생활은 그가 학문적 성취를 완성할 수 있었던 기회였던 셈이다. 조선을 도약시킬 수 있는 위대한 인물이었는데, 다산의 좌절은 이 나라의 불운이었다. 귀양에서 풀려 양평으로 돌아간 선생을 따라 숙식을 돌보던 후실이 어린아이를 앞세워 찾아갔으나, 마님에게 소박을 맞고 쫓겨나 지금까지 소식이 없다니….

54.

식도락도 즐거운 낭만과 힐링의 미항, 여수

미항 여수시가 남해안 해양관광의 중심지로 뜨고 있다. 도시는 백색 톤으로 산뜻해졌고, 사장교 밑으로 유람선이 떠가는가 하면, 하늘에는 케이블카가 쪽빛 바다를 가른다. 그중에서도 오동도는 여수관광의 본거지라 할 수 있다. 시누대가 만들어 놓은 터널이 색다른 분위기를 연출하는가 하면, 이리저리 뻗친 오솔길은 연인들을 유혹하고, 동백꽃 붉은 노천카페에서 차 한 잔 하는 운치도 쏠쏠하다. 해식애가 발달한 기암절벽의 해안도 놓치면 실수. 오동도는 여수 시민들이 자랑할 만한 즐길 곳 많은 휴식처였다.

55.

오르기 쉬운 민족의 영산, 태백산

명산이었다. 높고, 크고, 웅장하면서도 험하지 않아 누구나 오를 수 있는 민족의 영산, 태백산. 정상에는 고조선 때부터 제를 올려왔다는 천재단이 신령스러움을 더해준다. 울창한 숲으로 하늘이 보이지 않을 만큼 빼곡히 이어지더니 정상에 가까워지자 주목 군락이 나타나기 시작한다. 겨울이면 환상적인 설화와 상고대로 산 사람들을 몸살 나게 하는 나무들 아닌가. 범상치 않은 생김새에 사진기부터 손에 잡힌다.

봄

Spring

56.

꽃폭탄에 허우적대는 강진 남미륵사

이름도 생소한 서부 해당화. 그 꽃 50만 주가 터뜨리는 연분홍 터널은 극치의 황홀경을 보여주었다. 잇달아 천만여 주의 철쭉꽃이 폭발한다니 아연할 수밖에. 남도 끝 소읍 강진의 남미륵사는 꽃 폭탄을 맞은 관광사찰이라 할 만했다. 1980년 법흥 스님이 자기 집에 불심을 틀고 확장해나간 것이 30여 채의 전각을 거느린 대찰로 발전했다니 그것도 놀라운 일이다. 전통 사찰과는 판이한 이색적인 절로 관광버스가 줄을 잇는데, 연꽃과 배롱꽃이 흐드러지는 여름 경치도 만만치 않다.

57.

천불천탑의 수수께끼 절, 화순 운주사

호떡을 얹은 것 같은 탑이 있는가 하면, 눈, 코, 입만 대충 있는 무지랭이 불상들이 여기저기 무리져 있다. 신라 도선국사가 하룻밤 사이에 천 개의 탑과 부처를 만들어 놓았다는 설화만 무성할 뿐, 어떤 기록도 없는 수수께끼 절. 길도 없는 깊은 산속에 누가, 어떻게 이런 대공사를 했을까 의문투성이다. 산허리에 있는 칠성바위도 신기하지만, 부부 와불이 이 절의 핵심 포인트다. 이 부처가 일어나는 날 태평성대가 온다는데, 그때가 과연 언제일까.

땅끝마을의 보석, 달마산 미황사

단청이 해풍으로 마모되고, 무채색 기둥의 결이 드러난 소박미가 매력적이던 해남 미황사. 그 대웅보전을 해체해 다시 볼 수 없다니 낡은 것은 이렇게 무시해도 되나. 달마산이 병풍을 두른 아담한 이 절에서 템플스테이를 하던 동백꽃 지던 산사의 밤을 잊을 수 없다. 저녁 범종 소리를 들으며 바라보는 서해의 낙조는 남도 1경으로 꼽힐 만큼 기막히고, 달마고도의 개통으로 더 각광 받는 절. 유럽의 관광청에서도 소개할 만큼 아름다운 이런 명찰로 만들어 놓고 홀연히 떠나셨다는 금강 스님이 그리워진다.

59.

50년 만에 개방한 익산 아가페가든

노숙하는 노인들의 쉼터를 마련하기 위해 한 신부님이 사재를 털어 심었다는 메타세콰이어를 비롯한 수많은 나무들. 이 정양원의 운영비로 쓰기 위해 빼곡히 심은 수목들이 성목이 되면서 감동적인 정원이 된 익산 아가페가든이다. 신부님은 가셨지만 그 뜻은 꽃으로 피어나 삼만여 평의 유럽식 Formal garden이 아름다운 숲을 이루고 있는 것이다. 익산시에서 이 비밀의 정원을 시민의 쉼터로 무료 개방하자, 입소문이 나면서 관광버스까지 들이닥쳐 운영을 맡은 수녀원에서는 애를 먹고 있다. 월요일은 휴무.

60.

제주도의 인기 관광지, 섭지코지

제주도에서도 인기 있는 섭지코지는 드라마 촬영지로 유명해지면서 관광객들이 늘 북적대는 명소가 되었다. 푸른 초원과 아득한 등대, 해안선을 따라가는 목책과 앙증맞은 카페, 천인절벽 밑 망망한 바다에 우뚝 솟은 기암이며, 성산 일출봉과 어우러진 유채꽃 풍경이 한 폭의 그림처럼 아름답다. 행여 놓칠세라, 전진을 못하고. 인증샷에 빠져 길이 막힐 정도로 언제나 만원인 제주도의 대표 관광지다.

61.

국토의 막내 초원의 섬, 마라도

천연기념물로 지정된 국토의 마지막 섬, 마라도. 풍랑이 심해 결항이 잦아 다녀오기가 쉽지는 않다. 갈대숲이 우거진 이 초원의 섬엔 60명도 채 안 되는 주민들이 해산물을 채취하며 살지만, 학교도, 편의점도, 예배당도, 사찰도, 있을 것은 다 있는 자그마한 섬이었다. 전복껍데기를 엎어 놓은 듯한 성당이 특히 인상적이다. TV광고에 나온 탓인지 짜장면 집이 유난히 많고, 급증하는 관광객들로 음식점과 펜션들만 늘고 있는 섬을 착잡하게 바라본다.

62.

벚꽃 수렁에 빠진 천년 고도, 서라벌

고즈넉한 고도에 피는 화사한 벚꽃으로 도시 전체를 빠뜨리는 서라벌의 봄은 유명하다. 유적의 집결체라 할 수 있는 월성지구 반월성의 벚꽃 동산을 거닐며, 천년 영화의 무상감에 젖어 보는 것은 경주 여행의 필수 코스. 보문호의 벚꽃이 유명하지만, 그 이웃에 있는 보문정은 '한국에서 가 보아야 할 아름다운 곳' 11위로 CNN에서 선정할 만큼 예쁜 숨은 명소다. 일반 벚꽃이 다 진 2주쯤 후에 피는 왕벚꽃은 불국사 지역에 300여 주가 만개해 사람들을 또 혼절케 한다.

63.

봉화산 능선에 꽃불이 났네

철쭉의 바다라더니, 그야말로 연분홍 꽃물결이었다. 해발 700m가 좀 넘지만, 그나마 버스가 중턱도 더 넘어가니 남원의 봉화산 철쭉여행이 인기일 수밖에. 개철쭉이라던가, 이름이야 어찌 되었든, 이곳 철쭉은 키가 커서 사람들이 묻혀 보이지를 않는다. 꽃동굴을 거닐며 비명인지, 탄성인지, 여기저기서 난리도 아니다. 나지막한 능선이지만, 엄연한 지리산의 백두대간. 그 백두대간에 난 꽃불이 사람들 가슴에 옮겨 붙은 것이다.

64.

들꽃의 천국, 대덕산 산마루

금대봉 분주령을 거쳐 대덕산에 오르자, 산마루는 온통 들꽃의 천국이었다. 해발 1307m의 정상에 이런 평원이 있는 것도 신기하지만, 군락을 이룬 흰 전호꽃들이 춤을 추는 모습에 탄성이 절로 나왔다. 가슴을 뻥 뚫어주는 시원한 조망이며, 생동하듯 굽이치는 먼 산들, 장관이다. 태백시 두문동재에서 차를 내려 대덕산을 넘어 한강의 발원지 검룡소까지 가는 트래킹 코스는 들꽃들을 즐기면서 콧노래를 부르며 걷는 착한 힐링의 길이었다.

65.

한국의 세링게티, 수섬의 석양

장관이다. 끝없이 펼쳐진 질펀한 갯벌에 일렁이는 하얀 삘기꽃. 바람이 불 때마다 물결치는 군무가 감동적일 만큼 아름답다. 외딴 나무 한 그루 우뚝 선 것까지 어쩌면 그렇게 탄자니아의 세링게티를 닮았을까. 석양빛에 물드는 대평원이 한 폭의 명화를 연상시킨다. 시화호 방조제로 육지가 된 이곳은 화성시 송산면에 있는 수섬이란 섬. 신도시 건설로 사라질 운명이지만, 5월이면 삘기꽃에 덮이는 풍경에 매료되어 수많은 사진가들이 달려가는 곳이다.

66.

불교 예술의 야외 전시장, 경주 남산

기암괴석이 줄을 잇고, 절벽엔 마애불이 눈길을 끈다. 진달래 꽃길에 취하다가, 쉬고 싶을 만하면 나타나는 불상. 결코 장대한 산이 아닌데, 절터만 55곳, 불상이 59처, 석탑이 38개나 된다니 경주 남산은 불교 예술의 야외전시장이라 할 만했다. 유네스코 세계문화재에 등록된 수려한 산으로, 김시습이 <금오신화>를 집필한 곳이라는, 세상에서 가장 높은 곳에 있다는 용장사곡의 3층 석탑은 감동적이었다. 이따금 목이 잘린 불상이 발길을 잡으니, 도대체 누구의 짓이란 말인가.

67.

단종의 슬픈 유배지, 영월 청령포

삼면이 시퍼런 강물로 둘러싸이고, 층암절벽이 가로막은 절해고도 청령포. 숙부에게 왕위를 빼앗긴 어린 단종이 유배되었던 육지 속의 섬, 청령포를 바라보며, 풍경이 아름다워 더 애틋해진다. 1457년 17세 때, 급기야는 사약을 받고 시신은 강물에 버려졌으니, 천지가 분노하고 산천이 흐느껴 울 일이다. 그날 밤 영월 호장(고을 아전의 수장) 엄흥도가 아들과 함께 강물을 뒤져 시신을 찾아 암장했던 것을, 200년 후인 숙종 때 다시 조성했으니, 그것이 바로 장릉이다.

68.

딱 두 번 문을 여는 신의 뜰, 성황림

일 년에 딱 두 번 문을 여는 원주시 신의 뜰 성황림. 사람이 접근하지 못해 무서우리만큼 울창한 숲이다. 신이 사는 숲이란 뜻으로 이름도 신림면이 된 이곳 성남리 주민들은 음력 4월 8일과 9월 9일이면 이 숲에서 성황제를 지내는 것. 치악산 성황신을 수호신으로 모시고, 100여 년 전부터 제를 올린다는 곳이다. 온갖 야생동물이 뛰노는 울창한 숲에 하늘을 가린 2만여 평의 숲 전체가 숭배의 대상이고, 신단수의 원형도 볼 수 있는 비밀의 숲이었는데 일제가 도로를 내어 두 동강이로 끊어 놓았으니….

69.

오월의 수채화, 보성 녹차밭

맑은 햇살이 넘실대는 이른 아침, 푸른 녹차밭을 따라 새싹을 따는 여인들의 모습은 오월에 만나는 아름다운 수채화다. 쭉쭉 뻗은 삼나무 숲속에 꿈결처럼 펼쳐진 산속의 초원. 푸른 융단을 깔아놓은 듯한 30여 만 평의 이랑은 인간 노작이 이룩한 경이로운 예술품이다. 그중에서도 풍광이 가장 뛰어난 대한농원은 어디에서도 볼 수 없는 이색적인 관광지로 손색없는 명품 녹차밭. 겨울 설경도 신비로워 즐겨 출사를 간다.

봄

Spring

70.

청보리밭 일렁이는 고창 학원농장

바람이 불 때마다 파도처럼 넘실대는 초록빛 물결. 드넓은 청보리밭엔 어린 시절의 추억이 있고, 그 사잇길엔 꿈을 찾아 헤매던 설렘이 있다. 보리, 메밀, 해바라기, 코스모스 등을 심어 장관을 이루며 봄에는 청보리, 가을엔 메밀 축제를 열어 강한 흡인력으로 매혹하고 있는 고창 학원농장. 고향의 서정을 일깨워 주는 이 넓은 농원은 만인이 사랑하는 우리나라 대표적인 관광농원으로 우뚝 서 있다.

여름, Summer

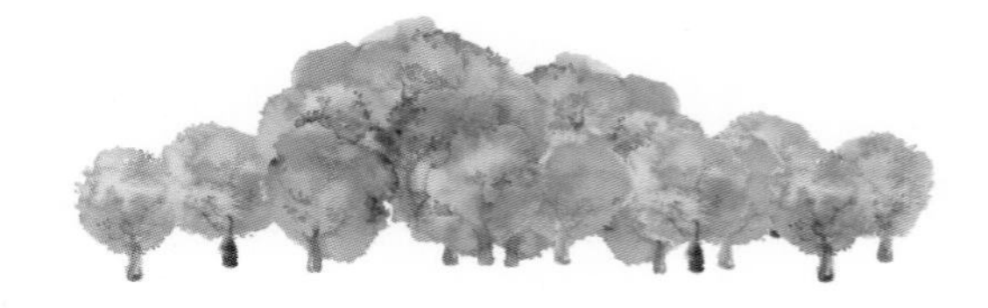

평창 청옥산의 여름

01.

한국의 대표적 오지, 삼척 덕풍계곡

계곡 트레킹의 진수를 맛볼 수 있는 한국의 대표적 오지, 덕풍계곡. 일제가 목재를 수탈하려 삼림철도를 놓았을 만큼 숲이 울울창창하다. 제3 용소폭포까지 12km의 구간은 내금강에 견줄 정도로 경치가 빼어나게 아름답다고. 옥계수가 철철 넘치는 청정자연과 기암괴석의 거친 계곡미가 단연 압권이다. 잘 정비된 데크 길을 따라 제2 용소폭포에 이르자, 우람한 굉음소리에 무더위가 확 달아난다.

02.

백두산, 그 야성의 파노라마

백두산의 날씨는 도무지 종잡을 수 없었다. 지척을 분간할 수 없는 심한 안개가 요란한 광풍에 쫓겨가면서 드디어 하늘이 열리고 나타나던 천지. 찬란한 아침 햇살에 빛나던 신령스러운 산상호수를 바라보며, 벅찬 감동에 빠졌던 순간을 잊을 수 없다. 하산 길에는 드넓은 백두산의 등허리가 잔잔히 펼쳐져 얼마나 또 신기하던지…. 아직도 길가엔 눈이 쌓였는데, 초원에는 노란 야생화들이 별처럼 반짝이고 있었다.

03.

산철쭉이 바다를 이룬 초여름 한라산

한라산 산행은 감동의 연속이었다. 이처럼 화창한 날씨를 이 산에서 만나기가 쉽지 않은데, 연분홍 꽃더미를 헤치며 오르던 일은 행운이었다. 세계자연유산으로 빛나는 한라산은 초여름이면 산철쭉꽃이 바다를 이루는 것. 영실까지 승용차를 이용할 수 있어 한결 수월해졌고, 가파른 층계길이 좀 힘들긴 해도 모두가 데크 길이라 웬만하면 이제 누구나 즐길 수 있는 친근한 산이 되어 있었다. 윗새오름 전망대에서 바라본 질펀한 산상화원은 다시 생각해도 잊지 못할 감동이다.

04.

최고의 일주문이 있는 구례 천은사

우리나라에서 가장 아름다운 일주문을 가졌다는 화엄사 입구에 있는 신라 고찰 천은사. 입구의 호수 둘레길을 걸으며 바라보는 산 그림자가 그림처럼 아름답고, 법당들도 아기자기하여 볼거리가 많다. 지리산을 배경 삼아 일직선으로 쭉 뻗은 진입로. 일주문의 지붕 밑 빛바랜 단청과 함께 섬세하게 다듬어진 부재며 조각이 목조 건물의 진수를 보여준다. 이조의 명필 이광사 씨가 일필휘지로 휘갈겨 쓴 편액이 품격을 더 높여주는, 놓치면 서운할 뻔한 자그마하고 예쁜 절이었다.

05.

세계 제일의 비구니 대학, 청도 운문사

노송들로 꽉 들어찬 진입로를 지나, 산속 분지 가운데 연꽃처럼 피어난 산사. 호거산의 호랑이 품속 형상이라는 세계에서 가장 큰 비구니 대학 청도 운문사다. 심산유곡에서 전쟁도, 화재도 모르고, 1500년을 지켜온 절이라, 고색이 창연해 더 아름답다. 4년제 정규대학으로 2000여 명의 수도승을 배출한 이 대학은 지금도 어린 학승들이 중생의 구제를 위해 목탁을 두드리고 있다. 화랑의 세속 5계가 태어나고 고려 충렬왕 때 일연선사가 <삼국유사>를 집필한 유서 깊은 신라 옛 절로, 사리암은 이곳의 보시금으로 운영을 충당할 만큼 기도발이 영험하기로 유명하다.

06.

최후의 원시림, 곰배령의 비경

장마철이라, 입구의 진동계곡부터 심상치가 않다. 유네스코 보호림으로 지정된 한국의 마지막 원시림인 인제군에 있는 점봉산 곰배령은 생각보다 오르기 힘들지는 않았다. 굉음을 내는 폭포소리에 태고음을 느끼기도 하고, 기괴한 고목을 보며 신비감에 빠지기도 한다. 숲의 터널 끝에 하늘이 뻥 뚫리며 불쑥 나타나는 초원. 해발 1100m 정상에 펼쳐진 5만여 평이나 된다는 평원에는 철따라 피는 야생화들이 꿈결처럼 너울대고 있었다. 어느 콧대 높은 여인이 이곳에 왔다가 발목이 잡혀 산나물을 뜯고 있다는 이야기가 전설처럼 전하고 있었다.

07.

힐링의 산책 코스, 강릉 바다부채길

정동진 선 크루즈 주차장과 심곡항 사이에 조성된 2.86km의 바다부채길은 동해의 푸른 물결과 웅장한 기암괴석의 비경 속을 산책하며 볼 수 있는 천혜의 힐링 코스였다. 2300년 전 지각변동을 관찰할 수 있는 국내 유일의 해안 단구로, 사람은 물론 산짐승조차 발길을 들여놓지 못하던 곳. 아직도 엄연히 군 초소가 있고, 평창 올림픽을 앞두고 세계적인 명소로 만들려는 강릉시에서 이룩한 회심의 명코스지만, 노약자들에게는 입구의 긴 층계가 아무래도 부담이 된다.

08.

보라색 칠로 팔자를 고친 신안 퍼플섬

아이디어 하나로 팔자가 바뀌는 세상이 되었다. 별로 이름도 없던 다도해의 신안군이 보랏빛 색칠을 해 2021년 유엔으로부터 세계 최우수 관광마을로 선정된 것. 마을에 많이 피는 도라지꽃에 착안해 낙후된 마을지붕과 담장을 같은 색으로 단장하고 퍼플섬으로 선포하자, 국내외 관광객들이 몰려들기 시작해 주민들은 싱글벙글. 다리며, 도로며, 식당의 식기는 물론, 섬 안의 모든 시설과 물건들을 보랏빛으로 바꾸어 대성공을 거둔 것이다. 한국인들의 기발함은 따를 수가 없다고, 외국인들은 고개를 절레절레.

09.

신기루의 섬,
대이작도 풀등

썰물 때면, 서너 시간 보였다가 없어진다는 서해의 모래섬, 풀등. 물이 빠지면 드러나는 모래톱을 섬사람들은 풀등이라 부른다. 30여 만 평이나 된다는 거대한 섬이 거짓말처럼 생겼다 없어지는 이 신기루 섬은 한때 해적들의 소굴이었다는 대이작도에서나 볼 수 있는 바다 위의 사막. 시간에 맞춰 기다리던 배를 타고 왔다가 재빨리 돌아가야 하는 것이다. 대해의 파도 속에 생멸하는 망망한 시한부 섬에서 물새와 벗이 되어 몰아의 경지를 헤맨다.

10.

한강의 낭만,
세빛 둥둥섬

석양이 내려앉는 한강은 감상에 빠질 만큼 아름다웠다. 반포대교 남쪽 한강에 떠 있는 세빛 둥둥섬은 밤이 되면 현란한 조명으로 환상적인 풍광을 연출한다. '채빛퀴진'의 뷔페는 가격에 비해 음식도 좋고, 낭만적인 장소를 찾는 이들에겐 분위기 최고다. 빨간 비취 파라솔로 멋을 낸 튜브스터 보트를 운전하며 한강의 야경을 즐기는 물 위의 카페가 유혹하지만, 임대료가 만만치 않다. 반포대교에서 연출하는 달빛 무지개 분수는 덤으로 구경할 수 있는 한여름 밤의 낭만이다.

11.

수도권에서 즐기는 심산유곡 화담숲

강남에서 불과 40분. 이렇게 가까운 곳에서 심산유곡의 정취에 빠질 수 있다니 믿기지 않는 일이다. 5만여 평의 산비탈에 보유한 식물만도 4300여 종. 단풍나무만도 480여 종이나 되어, 가을철 뿜어내는 현란한 빛깔은 정신을 혼미하게 할 지경이다. LG에서 광주군 곤지암리조트에 개장한 어마어마한 생태숲으로, 철 따라 변하는 갖가지 풍경을 수도권에서 휠체어를 타고도 편히 즐길 수 있으니 고마운 일. 100% 온라인 예약제로 운영한다.

12.

티벳 정취가 특별한 보성 대원사

산사의 하룻밤은 여정을 더 풍부하게 했다. 휴식형 템플스테이는 예불 등이 선택사항이고, 사찰의 법도만 지키면 되니, 여행길 숙소로 제격이었다. 전라도 보성, 천봉산에 숨어있는 백제 옛 절 대원사. 1500년 만에 찾아온 손님이라 더 반갑다는 현장 스님의 조크에 모두들 박장대소. 법정 스님의 조카로 행자 노릇까지 한 스님이 티벳에서 수도하고 돌아와 세우셨다는 티벳박물관에서 그곳의 문화도 체험해보고, 흐드러지게 핀 배롱꽃 밑에서 듣던 설법은 아침 햇살처럼 빛나는 추억이 되었다.

13.

10년을 묵어도 공짜였다는 강릉 선교장

효령대군(세종대왕의 형)의 11대 손인 무경이 1703년 짓기 시작하여 100여 년에 걸쳐 완공했다는 조선시대 대표적인 사대부 고택, 강릉 선교장. 송림으로 에워싼 3만여 평의 대지에 12개의 대문과 1,003칸이나 되는 규모도 놀랍지만, 열화당과 활래정을 눈여겨볼 만하다. 시인묵객들이 쉬어갈 수 있게 사교의 장을 제공했던 이 집에선 짧게는 1주일, 길게는 10년을 있다가 떠나도 돈을 받지 않고 써주는 글만 받았다나. 흉년이 들면, 이웃들에게 곳간을 개방했다는 후덕한 인심이 지금도 전설처럼 회자되고 있다.

여름

Summer

14.

국립공원 1호, 장엄한 지리산

6·25 전란 때 희생된, 5만여 명이나 되는 젊은이들의 넋을 안고, 깊은 함묵으로 살아온 민족의 영산 지리산. 붉은 꽃들은 선혈이 핀 꽃이라고, 죽으면서도 그렇게 갈구했던 커피를 뿌리며, 40여 년간 혼이 나간 사람처럼 소복하고 위령제를 지냈다는 빨치산 출신 여인의 이야기가 전설처럼 전하니, 바로 김영랑 시인의 계수 최순희 씨였다. 깊은 모성과 장년의 사나이처럼 장대한 웅자가 굽이굽이 처연한 노고단. 푸른 하늘이 나타나는가 했더니 먹구름이 몰려오고, 한바탕 빗줄기가 요란한 가늠할 수 없는 날씨에 능선 위로 퍼져나가는 운무의 기세가 억울한 영혼들의 아우성 같다.

15.

첩첩 산속의 비구니 산사, 울진 불영사

한국에서 아름다운 산사를 꼽는다면, 울진 불영사를 빼놓을 수 없다. 명승 불영계곡이 휘감아도는 금강송이 울창한 첩첩 산속. 녹색 캔버스 위에 붉은 배롱꽃을 수놓은 누이의 수틀처럼 예쁘기도 하다. 천축산 부처바위가 연못에 비추어 불영사가 되었다는 신라의 천 년 고찰. 어느 한 곳 흐트러짐이 없는 정숙한 분위기의 단아한 자태며, 섬세한 손길이 느껴지는 채소밭까지. 한 편의 서정시를 읽는 것처럼 정겨운 절이다.

여름

Summer

16.

한국의 아름다운 길, 문경 새재

한국에서 가장 아름다운 길로, 가보고 싶은 곳 1등으로 뽑혔다는 문경 새재길. 영남에서 한양으로 올라가던 유일한 옛길로, 청운의 뜻을 품은 옛 선비들이 과거를 보러가던 길이기도 하다. 제1관문 주흘관에서부터 3관문 조령관까지 편도 6.5km의 평탄한 이 길은 계곡과 녹음과 단풍이 아름답고, 수많은 전설과 유적과 민요가 전해 조상들의 애환을 느끼며 걷기 좋은 힐링의 흙길이다. 제3관문을 빠져나오며 꼬마들과 사진놀이하는 행복한 가족의 모습에 절로 미소가 나온다.

17.

북한 땅이 코앞인 백령도의 이색 풍광

인천에서 여객선을 타고 4시간을 달려간 백령도. 삼청각 건너편으로 빤히 보이는 북한 땅이 착잡하기만 하다. 활주로도 될 수 있다는 백사장이 신기하고, 유람선을 타고 본 두문진은 놀라울 만큼 웅장했다. 간조 때가 되어 육로로 들어가 본 두문진은 백령도 풍광 중에서 가장 신비롭다는 곳. 선암대며, 신선대, 형제 바위 등은 명승 8호라는 말에 걸맞게 백령도 여행의 하이라이트라 할 만했다. 머지않아 공항이 생긴다니, 때 묻지 않은 관광섬으로 주목받을 것 같다.

여름

Summer

18.

가리왕산에서 부르는 로미지안 연가

해발 550m의 강원도 정선땅 가리왕산 고원에 있는 10만여 평의 광활한 로미지안 가든. 부인의 치병을 위해 지안이 바친 감동적인 치유의 정원이다. 고급 숙박시설과 함께 숲과 화훼치유, 음악치유, 햇빛치유 등 다양한 치유 프로그램을 운영하는 웰니스 여행지로 시설이 상상을 초월, 하얀 자작나무와 가을철 단풍 든 산책로 등은 못 잊을 추억을 안겨준다. 뛰어난 자연경관 못지않게 진한 사랑의 찬가에, 멋모르고 따라간 남편들은 난감하기 일쑤. 춘하추동 언제 가도 아름다운 곳이다.

19.

변산 제1경, 직소폭포의 위용

수성당, 채석강 등 명소가 즐비한 변산반도는 해안선만 아니라, 산 안에도 비경이 산재해 있다. 주차장에서 직소폭포 전망대까지 2.5km의 숲길은 봄, 가을이면 선경을 이루는 그윽한 오솔길. 그림 같은 산정호수를 지나 데크 길을 따라 조금만 더 오르면, 바로 변산 제1경 직소폭포. 요란한 굉음과 함께 쏟아지는 물줄기가 제2, 제3폭포를 이루는 모습이 장관이다. 분수담, 선녀탕 등의 절경이 이어지며, 봄철의 벚꽃 길도 볼 만하지만, 가을철 이 일대의 단풍은 내변산 최고로 꼽힌다.

20.
한 폭의 수채화가 된 경안천 풍경

푸른 수틀에 그림을 그리듯 한가로이 백로들이 노니는 풍경이 한 폭의 수채화다. 팔당호로 흘러드는 경안천이 이렇게 멋진 풍경을 연출하고 있는 것. 봄이면 연둣빛 새잎이, 여름이면 연꽃 피는 녹색 습지가, 가을이면 갈꽃과 억새풀이, 겨울이면 철새들의 군무가 장관을 이룬다. 경기도 광주시 퇴촌에 있는 경안천 생태습지공원에 가면 호젓한 산책도 즐길 수 있고, 그 둑방에서 이런 멋진 풍경을 감상할 수 있다.

21.

남해의 파라다이스, 독일마을

남해군에서 자연경관이 가장 뛰어나다는 독일마을. 뒤로는 푸른 산을 업고, 앞은 남쪽 바다, 주황색 지붕의 흰 건물들이 녹색 숲과 어울려 더 산뜻하다. 파독 광부들과 간호사들이 노후를 보내기 위해 세운 이상적인 마을이지만, 사정은 다른 모양. 대중교통을 비롯해 의료시설, 문화시설도 없고, 관광객들만 들끓어 살기 불편해 대부분 떠났다고. 건너편에는 원예예술촌도 있어 엉뚱하게 이곳은 관광지가 된 느낌이었다.

22.

한류관광의 1번지, 남이섬

청평호 위에 가랑잎처럼 떠 있는 동화의 나라 남이섬. 나미나라공화국으로 떠나는 배를 타면서부터 싱글벙글 기분이 들뜬다. 14만 평의 잔디밭에 펼쳐진 아기자기한 정원과 숲은 세계인이 사랑하는 청정 관광 휴양지. 기적소리 울리는 꼬마열차를 타고 동심에 빠지기도 하고, 연인끼리 또는 친구들끼리 호숫가 예쁜 펜션에서 낭만의 밤을 보내며, 물안개 피어오르는 새벽 경치에 감격하기도 한다. 행정구역상으로는 춘천시에 속하지만, 가평역에서 택시를 타면 10분도 미치기 전에 선착장에 닿는다.

23.

서동의 로맨스로 유명한 부여 궁남지

백제 무왕 때 만들었다는, 서동과 선화공주 사랑의 전설로 유명한, 우리나라 최초의 인공호수 궁남지. 백제의 뛰어난 조경술을 보여주는 이 유적은 일본 조경문화의 원류가 되었고, 이곳을 보고 간 신라 문무왕이 서라벌에 월지(안압지)를 만들기도 했다. 일부 복원한 것이 이 정도라니 당시 백제의 국력이 얼마나 대단했을까. 여름에는 연꽃 축제로, 뒤이어 붉은 꽃무릇으로 발길을 잡는, 서동의 로맨스처럼 낭만적인 곳이다.

24.

탁족의 성지, 산청 대원사 계곡

풍광 좋은 산청에서도 제1경에 속할 만큼 수려한 대원사 계곡. 성철 스님이 젊은 시절 대원사까지 걸으며 수행하던 길에 생태탐방로가 완공되면서 지리산 풍경을 즐기려는 트레킹 코스로 인기를 끌고 있다. 주차장에서 대원사까지는 2km, 다시 유평마을 가랑잎초등학교까지 계곡을 따라가는 왕복 7km의 생태탐방로는 원시의 자연이 잘 보존되어 울창한 수림과 거대한 바위가 있는 탁족하기 좋은 계곡이다. 청정 옥수에 발을 담그고 앉았으니, 새소리, 바람소리, 신선이 따로 없다.

25.

탄광촌이 변한 꽃밭, 정선 하이원리조트

장관이다. 6월의 경치로 이만한 곳이 또 있을까. 프랑스 들국화와 동양의 섬국화를 교배시켜 탄생했다는 구절초 비슷한 하얀 데이지꽃. 강원도 정선에 있는 하이원리조트에서는 스키장 슬로프를 따라 펼쳐진 질펀한 데이지꽃이 백두대간 산자락을 비경의 꽃밭으로 만들어 놓았다. 슬로프마다 이런 들꽃의 향연이 겨울철 스키와는 또 다른 즐거움으로 여름철 나들이객들을 황홀케 한다. 탄광촌이 이렇게 화려해지다니, 사람 팔자만 알 수 없는 것이 아니다.

26.

두물머리에서 두물머리가 그립다

남한강과 북한강이 만나는 양평의 수려한 강변 둥구나무 밑. 두 물이 한 몸이 되는 강물처럼 변치 말자고 연인들이 사람들의 눈을 피해 밀어를 나누던 풍광 좋은 서울 근교의 명소였는데, 양수리의 세미원과 이어지면서, 관광지처럼 번잡해지고 말았다. 아늑한 시골정취를 느끼며, 고즈넉한 분위기를 즐길 수 있는 그런 보석 하나쯤은 남겨놓을 수 없었을까. 황포돛대 위로 지는 노을을 감상하며 애상에 젖던 지난 시절의 한적한 두물머리가 그립다.

27.

아름다운 전통마을, 아산 외암리

예안 이씨 집성촌인 아산 외암리 마을. 우리네 삶의 원형을 고스란히 지키며 사는 자그마한 농촌마을이다. 옥답을 감싸며 이어지는 돌담길이 서로 엇갈려 엿장수도 길을 잃고 헤매겠다. 앵두 익어가는 담장 안에서 들려오는 청아한 다듬이 소리에 이마를 얻어맞던 추억이 아련하고, 농주를 반주 삼아 먹는 시골밥상이 오랜만에 꿀맛이다. 아, 우리의 고향이 여기 있었구나. 전통 한옥집에서 민박을 하던 하룻밤은 잊을 수 없는 추억이 되었다.

28.

NHK에도 소개된 삼가헌의 비경

사육신 중 기적적으로 살아남은 박팽년의 후손 순천 박씨. 그들의 집성촌인 달성군 묘골의 육신사는 관광지처럼 명소가 되었지만, 그 이웃에 11대 손 박성수(1735~1810)가 지은 삼가헌엔 그윽한 아름다움이 있다. 그 손자가 세운 별당 하엽정이 숨은 비경으로, 연지에 연꽃이 피면 특히 볼 만하다고. 준설공사로 이제 연꽃은 볼 수 없지만, 한국의 아름다운 정원이라고 NHK에서도 촬영을 왔던 곳이다. 조상들의 예지가 곳곳에서 빛나 이렇게 이 땅을 금수강산으로 만든 것이다.

29.

왕들이 즐겨 찾은 안동 봉정사

고려 태조 왕건과 공민왕, 최근엔 영국 엘리자베스 여왕과 앤드류 왕자도 방문해 왕의 사찰로 유명하다. 우리나라에서 가장 오래된 목조건물인 고려시대 주삼포 양식의 극락전부터 다포양식의 조선시대 대웅전까지 한국 사찰 건축사를 압축해놓은 듯한 보물 같은 절이다. 그 옆에 노송 한 그루를 중심으로, 비탈진 산등 그대로 지은 영산암은 영남 고택의 분위기가 느껴지는 서정미 뛰어난 암자로 툇마루에 앉아 도란도란 이야기나 나누고 싶은 정다운 곳이었다.

30.

혼자만 알고 싶은 절,
완주 화암사

여름

Summer

협곡 사이 절벽을 휘감고 좁은 산길을 타고 오르면, 하늘과 맞닿은 산마루에 꽃처럼 앉아 있는 절, 바로 화암사다. 무채색의 우화루엔 목어가 눈길을 끌고, 그 앞의 극락전은 우리나라 유일한 하앙식 건물의 국보. 봄이면 백매화가, 가을철엔 노란 은행잎 단풍이 유난히 아름답고, 원효와 의상이 수도를 한 유서 깊은 절이지만, 이렇게 험한 곳에 누가 참배를 다닐까. 신도가 없으니 스님도 오지 않아, 몇 년째 노스님이 지키고 있는 가난한 절이지만, 고색창연한 모습이 마음을 편안하게 해, 혼자만 알고 싶은 들꽃 같은 절이다.

31.

바람의 언덕,
매봉산 고랭지 채소밭

장관이다. 날이 새며 나타난 광활한 채소밭에 입이 떡 벌어진다. 산등성이마다 녹색 카펫을 깔아놓은 듯 질펀하게 펼쳐진 장엄한 풍경. 해발 1250m 고지의 매봉산 주변이 온통 이런 고랭지 채소밭이다. 곡괭이 하나에 희망을 걸고, 화전민들이 일궈놓은 경이로운 풍경을 감동 없이 바라볼 수 없는 것이다. 여름철이면 삼수령에서 태백시가 운영하는 셔틀버스를 타고, 관광객들도 갈 수 있는 명소가 되었다.

32.

낭만이 있는 청풍호, 힐링 유람

청풍 쪽 사람들은 청풍호라 부르고, 충추 쪽 사람들은 충주호라 부르는 바다처럼 넓은 내륙의 호수. 청풍 나룻터에서 유람선을 탔더니 기암괴석의 풍광이 뛰어나 명승으로 지정된 옥순봉 등 자연의 걸작을 감상하며 즐기는 뱃놀이가 북새통인 관광지보다 훨씬 좋았다. 두향의 묘를 바라보며 퇴계와 나눈 사랑과, 지금도 퇴계의 후손들이 두향의 제사를 올린다는 이야기는 이곳에서나 들을 수 있는 보너스. 한국에서 가장 아름다운 다리로 뽑히기도 했다는 옥순대교는 한 폭의 그림이었다.

33.

율곡이 경탄한 명승 1호 소금강

오대산 동쪽 청학동 골짜기를 탐방한 율곡이 금강산과 견줄만한 경치라고, 소금강이라 개명했다는 국가 명승1호. 주차장에서 구룡폭포까지 왕복 6.2km의 숲길은 절경으로 이어지는 순한 계곡길이었다. 금강사 밑 식당암은 그중에서도 최고로 치는 비경으로, 마의태자가 병사를 훈련시키며 1,000명이 앉아 식사했다는 너럭바위. 한적한 것도 큰 매력으로, 수려한 풍광 속에 물놀이도 즐길 수 있어 여름철 트레킹 코스로도 꼽을 만했다.

34.

절경의 한탄강 주상절리 길

용암이 흐르면서 협곡을 만들어 수많은 주상절리와 폭포 등 세계적으로 희귀한 이색 풍경을 빚어낸 한탄강. 유네스코 세계 지질공원에 등재되어 새로운 관광지로 각광 받자, 철원군에서 만들어 개장한 3.6km의 주상절리 길이 인기다. 드르니 매표소에서 순담계곡까지 절벽에 잔도를 붙이고, 가을부터 봄까지는 부교를 띄워 물윗길을 걸으며 숨어있던 비경을 감상할 수 있게 했다. 남녀노소 누구나 한탄강의 신비를 눈앞에서 즐길 수 있는 춘하추동 언제나 아름다운 길이 되어 유혹하고 있다.

35.

수려한 충혼의 절, 밀양 표충사

충혼의 넋이 타오르는 것인가, 절은 온통 배롱꽃으로 붉게 물들어 있었다. 나라를 구한 장한 뜻을 표창해 이름도 어명으로 표충사라 개명한 절. 재약산을 병풍처럼 두른 이 절은 우거진 솔숲을 가로지르는 수려한 계곡이며 기품이 만만치 않다. 임란 때, 큰 공을 세운 사명대사를 비롯해 서산, 기허 대사를 기리기 위해 사명대사의 고향인 이곳 사찰에 영정을 봉안하고, 제례를 지내왔다고 한다. 나라에 변고가 있으면 땀을 흘린다는 비석이 이웃에 있고, 지금도 매년 추모제를 올리고 있는 장엄한 신라 거찰이었다.

여름

Summer

36.

배롱꽃의 진수, 담양 명옥헌

배롱꽃이 아름답기로 담양의 명옥헌만한 곳이 있을까. 울창한 푸른 송림과 함께, 사각의 전통 연못을 둘러싼 20여 그루 노목의 붉은 꽃이 절정으로 치달을 때의 화려함은 전국의 사진가들을 몸살나게 하는 것이다. 조선 중엽 문신 오희도(1583~1623)가 자연을 벗 삼아 살던 곳에 그의 아들 오이정이 1625년 선친을 기려 만든 정원이다. 인조대왕이 대군시절 반정에 동참을 권하며 세 번이나 찾아왔다고 '삼고'라는 편액이 걸려 있고, 훗날 이곳의 아름다움에 경탄한 송시열 선생이 명옥헌이란 이름을 새겨 놓았다.

37.

서해 최북단 비경의 섬, 대청도

인천 연안부두에서 여객선을 타고 3시간 30분을 달려간 대청도는 뜻밖에 아름다운 섬이었다. 숲으로 꽉 찬 이 섬은 기암괴석으로 절경을 이루고, 고운 백사장에 맑은 바닷물은 뛰어들면 모두가 해수욕장이었다. 홍어 어획량이 흑산도를 제칠 만큼 어족도 풍부하고, 서해5도 중 경치며 먹거리가 첫째인 것을 어찌 몰랐을까. 산속을 뚫고 가는 트레킹 코스로 비경을 즐기며 전망대에 오르자, 서해의 거친 바람을 막아준다는 서풍받이 절벽의 웅장함에 입이 딱 벌어진다.

38.

기암괴석에 유적이 얽힌 절경의 청량산

퇴계의 시문이 곳곳에 깃든 봉화의 명산 청량산. 그 제자들이 뒤를 이어 성지처럼 순례했다는 산이다. 가파른 진입로보다 등산로가 수월하고, 이 산의 진면목도 볼 수 있다. 한때는 30여 개의 암자를 거느린 신라 불교의 요람이었던 청량사. 고려 공민왕이 피란 왔을 때의 휘호라는 중심 전각 유리보전 현판을 비롯해 최치원의 풍혈대며, 김생굴이며, 유적도 많다. 울창한 숲속의 기암괴석 위로 피어오르는 물안개가 단풍철 못지않은 선경을 연출해 한동안 넋을 잃고 바라본다.

39.

광대한 미륵사지에서 백제의 영화를 그리다

백제 무왕 2년(639)에 창건했다는 익산 미륵사의 절터다. 광대한 벌판에 우뚝했던 동양 최대의 탑과 전각 3채가 나란히 있는 독특한 구조의 가람배치를 상상하며, 덧없이 무너진 백제의 영화에 쓸쓸함을 금할 수 없다. 20년 공사 끝에 해체 복원한 이 석탑은 훼손 당시의 모습대로 남겨놓아, 후대에 다시 공사할 수 있도록 배려한 국보 11호. 오른쪽 동탑은 맞은편 서탑의 위용을 상상할 수 있도록 복원한 9층 석탑으로, 동시에 유네스코 문화재로 등재돼, 백제문화의 우수성을 보여주고 있다.

40.

안면도의 휴식, 그림 같은 나문재

섬 전체가 동화마을처럼 예뻐 그대로 주저앉고 싶은 충동을 느낀다. 알고 보면 유럽풍 펜션 단지인데, 울창한 숲이며 넓은 잔디광장, 섬을 가득 메운 기화요초가 별천지를 만들어 놓았다. 섬 전체가 바다로 둘러싸인 천혜의 자연환경에다 펜션 어디에서나 바다와 마주할 수 있는 것도 큰 장점이다. 세련된 조형물이며, 그윽한 오솔길, 낭만적인 해변은 덤이다. 소를 방목해 쇠섬이라 불리던 안면도의 자그마한 섬이 특별한 추억을 쌓을 수 있는 휴식처로 변신한 것인데, 카페에 들르지 않으면 섭섭.

41.

춘천의 낭만, 구봉산 카페촌

춘천의 최고 드라이브 코스라는 구봉산(441m) 중턱쯤에 있는 전망대. 이곳에 있는 카페촌은 낮이나 밤이나 낭만에 젖어 춘천 8경의 하나로 꼽힐 만큼 유명하다. 이국적인 레스토랑과 카페들이 멋진 포토존도 갖춰 MZ세대들에게 특히 인기 있고, 반려견 테마파크까지 생겼을 정도다. 야경이 최고라고 우기기도 하지만, 해질 녘 황금빛으로 빛나는 춘천시를 굽어보면 누구나 시인이 된다는 곳으로 주말엔 차 한 잔 하기에도 줄을 설 정도다.

42.

한국의 대표적 정원, 담양 소쇄원

한국 전통 정원의 걸작이라는 담양 소쇄원. 계곡을 중심으로 담장을 쳐 자연 그대로를 정원으로 삼은 발상이 놀랍다. 이 계류가 쏟아지는 장마철 풍광이 제격이지만 봄, 가을철도 아름답다. 스승 조광조가 사약을 받자 낙향한 양산보(1503~1557)가 세운 별서로, 면앙 송순, 하서 김인후 등이 드나들며 호남 사림문화를 이끈 귀한 유적지다. 촉망받던 한 선비가 뜻이 꺾여 은거했지만, 그가 남긴 원림은 벼슬보다 빛난다.

43.

아름다운 마을 1호, 산청 남사예담촌

한국의 아름다운 마을 1호라는 남사예담촌. 조상들의 정서와 삶의 모습을 고스란히 지키며 살고 있는 700년 전통의 한옥마을이다. 국가 문화재인 긴 돌담이며, 옛집들이 고즈넉한 운치를 돋우고, 봄이면 하, 정, 최, 이, 박씨네 매화향을 못 잊어 五梅不忘(오매불망)이란 말이 생겼을 정도로 매화향이 진동한다. 300년째 포개져 자란 이상택 씨 고가 입구의 회화나무 한 쌍은 부부애를 표상하는 이 마을의 포토존. 양반댁 집들은 담을 높게 쌓아, 말을 타고 지나면서도 들여다볼 수 없게 했다.

44.

유럽의 수도원 같은 옥천 수생식물학습원

대청호에 숨어있는 옥천의 비경, 수생식물 학습원. 천상의 정원이라는 비밀스러운 꿈의 정원이다. 주서택 목사를 비롯한 다섯 가구에서 경관 농업을 위해 만들었다는 치유의 쉼터로, 세상에서 가장 작은 교회, 아기자기한 꽃밭, 탁 트인 호수, 절벽에 세운 진회색 건물이 중세 유럽의 수도원을 연상케 한다. 예약을 통해 입장하고, 펜션처럼 이용할 수 있어 지친 영혼들이 찾아가는 둥지로 뜨고 있지만, 인기가 많아 언제 차례가 올지 알 수 없다.

45.

영월의 자연 걸작, 한반도 지형

영락없는 한반도 모습이다. 삼면이 바다로 둘러싸여, 북쪽으로 백두산, 남쪽으로 포항의 호미곶까지 신기하게도 우리나라 지형을 빼닮았다. 굽이쳐 흐르는 하천의 퇴적이 이런 자연의 걸작을 만들어 놓은 것이다. 아예 한반도면 한반도로로 행정구역 명칭도 바꾸고, 국가 명승으로 지정하였다. 송림 우거진 오솔길이 운치도 있어, 20분 남짓 걸리는 전망대까지의 길이 산책 삼아 걷기도 좋다.

농암 종택에서 한국의 멋을 만나다

'어부가'를 지어 강호문학을 창도한 농암 이현보(1467~1555). 그의 종택은 낙동강을 뜰로 삼은 가장 아름다운 곳에 있다는 집이다. 650년간 대를 이어 살아온 이 집에는 설날이면 400~500명의 영천 이씨 후손들이 모인다는 안동의 명문가. 참판을 지낸 70대의 농암이 94세의 노부를 모시려 지은 애일당에서 색동옷을 입고 재롱을 피웠다는 효성이 전설이 되어 전한다. 한국의 멋을 알고 싶은 이는 안동시 도산면에 있는 낭만의 이 선비 집에서 고택체험을 하며 기품을 느껴보고, 가양주 '일엽편주'도 맛볼 것을 주저 없이 권한다.

47.

국민 관광지 1호, 동해 무릉계곡

두타산과 청옥산을 배경으로 가슴을 호쾌하게 하는 무릉계곡. 4km나 되는 긴 계곡엔 옥계수가 넘치고, 기암괴석의 절경에 숨이 막힐 지경이다. 입구에서부터 압도하는 1500여 평이나 된다는 넓은 반석엔 양사언과 김시습 등 시인묵객들의 빼곡한 글귀들이 이 계곡의 성가를 보여준다. 국민 관광지 1호로 지정된 것이 우연이 아니었구나. 최근엔 베틀바위, 마천루도 개방하여 더 주목받는 동해의 대표적 명승지가 되었다.

48.

신선의 놀이터, 문경 선유동천 나들길

산림청이 조사한 숲길 만족도에서 1위를 차지했다는 선유동천 나들길. 대야산을 사이에 둔 양쪽 모두 선유동 계곡이라 부르지만, 괴산 쪽보다 문경 쪽이 훨씬 깊고 수려하다. 선유구곡을 지나 나타나는 상류 쪽 용추계곡이 뛰어나게 아름답고, 그중에도 용추폭포는 신선세계를 방불케 한다. 3단으로 쏟아지는 폭포의 생김새도 신비로운, 문경 8경에 꼽히는 대야산의 비경으로 인근엔 넓은 주차장도 있어 피서지로도 이용하기 좋다.

49.

문경 주암정, 인천 채씨의 풍류에 취하다

영락없이 떠나가는 배의 형상이다. 물에 뜬 육중한 바위에 홀연히 앉은 정자. 절창이다. 문경시 산북면 웅창마을에 있는 이 정자는 이 바위 위에서 공부도 하며 노닐던 주암 채익하(1573~1615) 씨를 추모해 후손들이 지어 바친 것이다. 종손 채훈석 씨가 관리하면서, 술과 안주를 준비해놓아 누구나 먹고 형편대로 채워놓으면 된다. 벚꽃과 복사꽃이 분분히 질 때도 아름답지만, 능소화, 백일홍, 자귀꽃 등이 만발하는 7월이 가장 아름다운 때로, 蓮花雅會(연화아회)라는 음악회도 연다고. 어기여차, 배를 띄운 풍류가 후손의 덕망으로 더 빛나, 각박한 세상을 아름답게 하고 있다.

50.
절경이 줄을 잇는 포항 내연산

해발 930m에 불과한 자그마한 산이지만, 기암괴석이 웅장하고, 우람한 계곡에 줄줄이 12개의 폭포가 이어지는 이렇게 멋진 산이 또 있을까. 그러면서도 별로 힘들지 않게 오를 수 있었던 겸재 정선의 진경산수화 발원지라는 포항 내연산은 경북 8경에 꼽힐 만한 절경의 산이었다. 깎아지른 듯한 절벽 한 귀퉁이에 쏟아지는 관음폭포와 그 위에 있는 연산폭포는 그중에서도 대표적인 비경지대. 절벽을 타는 산악인의 기개가 비경의 산을 더 풍성하게 해주고 있다.

51.

정원이 이색적인 절, 산청 수선사

해병대를 제대한 후 머리를 깎고, 지리산 자락에 논을 구입해 곡괭이질하며 지었다는 절, 수선사. 돈이 생기면, 설계도도 없이 땅을 늘려 지어나간 것이 30년 만에 수채화처럼 아름다운 절이 되었다는 것이다. 카페에서 차 한 잔 하며 바라보는 연못이 그림처럼 예쁘고, 화장실이 안방처럼 편안하다고 모두 놀란다. 힐링 프로그램으로 운영하는 템플스테이가 비신자들에게도 인기. 음식이 식도락 수준이라고 다녀간 사람들마다 감탄한다.

52.

삼천 궁녀의 전설, 부여 낙화암

백제 관광의 1번지, 부소산의 낙화암. 부여에서도 제1경에 꼽히는 전설의 벼랑이다. 사비성이 나당연합군에 함락되자, 백마강에 몸을 던져 떨어지는 궁녀들이 꽃잎 같았다고 부르는 이름이다. 그 넋을 기려 1929년 바위에 세운 정자가 백화정. 궁녀들을 상기시키는 백화정이란 이름이 절묘하게 백마강과 어우러져 더 애틋하다. 그 아래 고란사 선착장에서 타는 백마강 유람선은 낙화암을 끼고 가는 뱃길로 슬픈 역사를 떠올리며 애상에 젖게 한다.

53.

숨은 비경지대, 조선조의 왕릉들

당대의 풍수전문가들이 택지한 조선조 왕릉들은 유네스코 문화재에 등재된 숨은 비경지대다. 울창한 노목들과 수려한 조경, 가슴을 탁 트이게 하는 넓은 공간, 솔향 짙은 숲길을 산책해도 좋고, 고즈넉한 쉼터에서 명상에 잠기기에도 그만이다. 그만큼 호젓하고 관리도 잘 되어 있어, 조용한 곳을 찾는 사람들에겐 썩 좋은 휴식처. 서울 주변에 있는 정릉, 태릉, 광릉은 가을철 단풍의 명소로도 유명하다. 숙종 때 조성된 단종의 장릉은 영월 제1경에 꼽힐 만큼 아름답다.

여름

Summer

54.

명품 나들이처, 국립중앙박물관

서울을 찾는 외국 관광객들이 경복궁과 함께 1순위로 꼽는다는 국립중앙박물관. 앞에는 넓은 연못, 뒤에는 푸른 남산, 배산임수의 풍수도 갖춘 명품 건물이다. 자연과 인공의 조화라는 우리 건축정신을 절묘하게 살리며, 대범하면서도 안정감 있게 세운 단순미가 압권이다. 소장된 유물도 41만여 점이나 될 만큼 규모도 세계적이고, 바이든 미 대통령을 위한 만찬장으로 사용하였을 만큼 격조도 높다. 4호선 이촌역과 연결돼 교통도 좋고, 넓고 그윽한 야외정원만으로도 나들이처로 손색이 없는데, 한글박물관과 가족공원도 옆에 있어 더욱 좋다.

55.

수국의 성지가 된 통영 연화도

통영에서 뱃길로 50분 거리인 남해의 자그마한 섬, 연화도. 신안 도초도와 쌍벽을 이루며 언제부터인지 수국의 섬으로 유명해져, 여름철이면 관광객들로 북새통이다. 연화사에서 보덕암으로 가는 오솔길이 온통 수국꽃이고, 그 꽃 너머로 바라보는 용머리 해안이 단연 압권, 통영 8경에 꼽히는 명소다. 동구마을 출렁다리 주변의 비경이며, 우도로 건너가는 멋진 사장교도 놓치지 말아야 할 일. 값싸고 싱싱한 고등어회는 이곳에서 즐길 수 있는 보너스다.

56.

한국의 숲 1호, 소광리 금강송 군락

산양이 뛰논다는 울진 소광리 금강 소나무 군락. 이조 숙종 때 황장봉산으로 지정돼 보호해온 신비로운 숲이다. 수령 200~300년 된 황금빛 소나무 8만여 그루가 군집해 있고, 500년 이상 된 금강송도 수백 그루다. 이곳에 숲길이 생기자, CNN에서는 세계 50대 명품 트레킹 코스로 선정했을 만큼 시선을 끌었던 곳이다. 해설사를 따라 숲을 관찰하다가 주민들이 배달해주는 산채점심은 얼마나 꿀맛이던지…. 숲 치유를 하며 휴식할 수 있는 에코리움은 시설도 뛰어나 웰니스 여행지로 주목받을 만하다.

57.

절경의 산악공원, 남해 보리암

천태만상의 기암괴석과 울창한 숲. 바다와 절묘한 조화를 이루는 남해의 금산과 보리암. 한려해상공원 중 유일한 산악공원으로 바다에서 솟구치는 일출의 장엄함에 말할 수 없는 환희를 느낀다는 곳이다. 이성계가 100일 기도 후 왕이 되어, 비단으로 감싸준다고 비단 '금'자 금산이라고 개명했다는 국가 명승. 절벽에 얹혀 있는 보리암은 우리나라 3대 기도 도량으로, 영험이 뛰어나기로 유명해 참배객들의 발길이 끊이지 않는다.

58.

대관령의 명품 목장, 에코 그린 캠퍼스

바라만 보아도 시원한 에코 그린 캠퍼스. 굽이굽이 물결치는 먼 산들, 시야가 탁 트이는 푸른 초원, 능선을 따라 빙글빙글 도는 은빛 날개의 가물가물한 풍력발전기, 찌들었던 가슴을 확 풀리게 하는 평창의 옛 삼양목장은 춘하추동 아름다운 대관령의 힐링 여행지다. 목가적인 풍경이 매력적인 트레킹 코스를 즐기며 초원에서 풀을 뜯는 양떼들이며 젖소들을 보면, 마음은 이미 천상을 거니나니… 시정 넘치는 그곳이 답답하면 그리워지는 나의 버킷 리스트다.

59.

서원 건축의 백미,
안동 병산서원

자연과 합일한 이상적인 배움터로 서원 건축의 백미를 보여주는 병산서원. 서애 류성룡(1542~1607) 선생의 위패를 모시고, 그 뜻을 건학이념으로 삼은 이 서원은 부시 대통령도 다녀간 조선시대의 대표 사학이다. 선비정신의 표상인 배롱꽃 필 때가 가장 아름다워, 그 꽃 너머로 흐르는 병산 밑의 낙동강이며, 질펀한 백사장. 그 위 푸른 하늘까지 모두를 서원의 뜰로 끌어들인 만대루를 보면, 선비의 호연지기를 이렇게 길렀구나, 경탄하지 않을 수 없다.

60.

사찰음식의 성지, 삼각산 진관사

삼각산 등성이에 다소곳이 숨어있는 고려 옛 절 진관사. 노송과 청정계곡이 뛰어난 비구니 도량으로, 세계 미식가들이 찾아올 만큼 사찰 음식이 유명하다. 미국의 배우 리처드 기어를 비롯해 세계 최고 레스토랑으로 꼽히는 덴마크 노마의 수석 셰프, 오바마 대통령의 요리사도 찾아와 극찬하며 배워갔다는 곳이다. 최근엔 세계 3대 요리 명문학교인 프랑스 파리의 '르 코르동 블루' 학과장도 다녀갔다고. 절 뒤엔 기암괴석과 계곡이 수려하고 한적한 북한산의 비경도 감상할 수 있는 서울의 숨은 피서지다.

61.

차박하기 좋은 비경의 평창 청옥산

첩첩이 둘러싸인 산비탈에 하얗게 뒤덮인 샤스타 데이지꽃. 해발 1274m의 청옥산 산마루에 꿈결처럼 이런 비경이 숨어있다. 600말의 볍씨를 뿌릴 수 있을 만큼 넓다는 고랭지 채소밭이 변신해 인생 샷 명소가 된 것. 산 정상까지 대부분 포장길이라 관광버스도 오를 수 있지만, 주말엔 여간해선 진입도 힘들다. 밤하늘에 쏟아지는 은하수도 찍을 수 있는 차박의 성지로, 사진가들에겐 매력적인 출사지가 되었다.

62.

BTS가 화보 촬영한 충격의 아원고택

충격이다. 어쩌면 집이 이렇게 멋스러울 수 있을까. 250년 된 진주시의 옛집을 산자락에 옮겨 전통 한옥의 운치를 한껏 살리고, 갤러리와 다실 등 현대적 감각을 갖춰 고품격 문화 공간으로 만들어 놓은 아원고택. 물과 대숲과 노송을 소재로 한 조경이 기막히게 아름답다. 오죽하면, 세계적 아이돌그룹 BTS가 이곳에서 화보촬영을 했을까. 이 집의 고택 체험비는 호텔급 수준이지만 예약이 힘들 정도다. 그 밑에 있는 두베카페도 놓치면 후회한다. 20여 채의 민박 한옥과 카페, 호수로 구성되어 완주 8경으로 뜨고 있는 소양면 오성마을에서였다.

63.

태고의 신비, 무건리 이끼폭포

해발 1244m의 육백산 깊은 골에 꼭꼭 숨어있는 이끼폭포. 덕지덕지 푸른 이끼가 낀 절벽 위로 쏟아지는 폭포가 태고의 신비에 젖게 해준다. 전망대며 데크 시설 등 정비가 잘 되어 있어 관광지로 손색이 없고, 요란한 굉음과 함께 녹색의 숲을 뚫고 쏟아지는 하얀 3단 폭포는 비경이었다. 1960년대까지만 해도 호랑이가 출몰했다는 오지 중의 오지, 삼척시 무건리. 4km쯤 뙤약볕 속을 걸어 들어가야 하는 임도가 만만치는 않지만, 보상은 확실하다.

64.

가족나들이처로 제격인 강릉 오죽헌

세계사에 유례가 없이 어머니와 아들이 동시에 화폐에 오른 신사임당과 율곡 이이. 신기하게 생가도 동일한 오죽헌으로, 조선시대 상류 주택의 원형을 잘 보존한 대표적 강릉 옛집이다. 율곡의 영정을 모신 사당 문성사가 검은 대숲으로 둘러싸여 오죽헌이라 부르는 것. 어제각에서는 율곡의 유품을 볼 수 있고, 600년 수령의 배롱나무가 장관을 이룬다. 율곡기념관을 비롯하여 시립박물관 등을 갖춘 널찍한 경내가 조경도 아름다워 강릉의 대표적 나들이처로 손색이 없다.

65.

청정한 친환경 도시, 푸른 울산

걸핏하면 데모 소식이나 들리는 삭막한 산업도시로만 알았던 울산은 생각과는 전혀 달랐다. 해발 1,000m가 넘는 산봉우리들이 몰려 있는 영남 알프스를 비롯해 산과 동해바다, 태화강이 휘감아 도는 울산은 생태자원의 보고. 태화강 국가 정원의 수려한 십리대숲이며, 넓은 초원과 해수욕장도 갖춘 이상적인 삶터였다. 청정한 친환경 도시로 발전한 푸른 풍광은 도시건설에 시사점이 많을 만큼 매력적이었다.

66.

다도해를 정원으로 삼은 비경의 문수암

삼국시대부터 해동의 명승지로 화랑도들이 심신을 수련했다는 경남의 고성 무이산. 산기슭에 앉은 문수암은 기암절벽이 병풍처럼 둘러싼 비경의 암자였다. 이곳에서 수도한 청담 스님 사리탑 앞은 조망이 특히 뛰어나 한눈에 다도해의 섬들이 굽어보이고, 우뚝 선 금동약사보살상이 광대한 한려해상 풍경에 찍은 한 점 악센트처럼 기막히다. 한때 전두환 전 대통령의 유배지로 백담사 대신 검토되었다는 보현사 약사전의 불상으로 길도 좋아 관광버스도 들어갈 수 있다.

67.

젊은이들의 낭만지대, 양양 서피비치

미성년자들의 입장은 사양한다는, 양양 죽도 해수욕장의 서피비치가 서핑 포인트가 다양하고 해변이 넓은 탓인가, 인기를 끌고 있다. 펭귄 떼처럼 파도의 등에 올라타고, 에메랄드 빛 바다를 유영하는 날렵한 모습들. 강렬한 트로피컬 음악이 분위기를 띄우고, 흰 천이 펄럭이는 카바나와 해먹이 이국적 정취를 물씬 풍기며, 여름철 핫한 피서지로 떠오르고 있는 것이다. 2022년 기준, 이곳을 찾은 서핑인들이 47만 5천 명을 넘었다는데 너울성 파도가 잦은 겨울이 더 인기라나.

여름

Summer

68.

산불의 상처 위에 핀 도화동산의 비경

산마루가 온통 배롱꽃으로 뒤덮이고, 붉은 꽃 너머엔 푸른 동해바다. 그 사이로 7번 국도가 시원스레 달린다. 옛 국도 휴게소 자리에 만든 울진 도화동산에서 바라본 풍경이 이렇게 멋진 것이다. 2000년, 산불이 휩쓸고 간 산들을 복원하면서 경상북도의 꽃인 배롱꽃을 심어 길손들의 쉼터로 조성한 도화동산이 뜻밖에도 비경을 자랑한다. 2022년 다시 화마가 할퀴고 지나, 배롱나무 가지에도 상처가 역력하지만, 세상을 가꾸는 장한 사람들의 의지는 붉은 꽃으로 타오르듯 피어나고 있었다.

69.

한탄강의 으뜸 절경, 철원 고석정

현무암이 협곡을 이룬 천인단애의 장관이며, 주상절리가 산재한 특이한 지형을 갖춘 한탄강. 기괴한 협곡 사이로 흐르는 고석정은 그중에서도 으뜸으로 치는 철원 제1경이다. 신라 진평왕 때 정자를 짓고, 고려 충숙왕도 유람했다니, 예로부터 명승지로 꼽혔던 곳이다. 임꺽정이 은거했다는 전설을 떠올리며 유람선을 타고 즐겨도 좋고, 여름철 래프팅의 명소로 인기를 끌더니, 최근에는 그 옆에 꽃물결이 넘실대는 깜짝 놀랄 만한 꽃밭이 생겨 나들이객들을 황홀하게 하고 있다.

70.

명품 숲이 여기 있었네, 죽파리 자작나무 숲

밤하늘이 뛰어나게 맑아 아시아 최초 국제 하늘보호구역으로 지정된 영양군의 오지 수비면. 그곳에서도 더 깊은 산속인 죽파리엔 우리나라 최대 규모의 자작나무 숲이 조성되어 있었다. 1993년도부터 조림한 12만 그루의 자작나무가 빼곡한 이국적 풍광이 원대리와는 또 다른 모습으로 가슴 설레게 한다. 장파 경로당에서부터 임도길로 4.7km나 걸어야 하지만, 시리도록 명징한 장파계곡의 속살을 따라 동행하는 경치가 죽여주니 걱정은 끝.

가을, Autumn

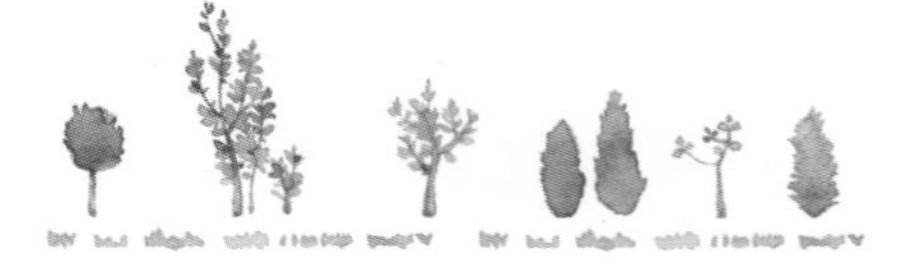

01.

그리움이 빠진 진안 용담호

용담호에 가을이 빠졌네. 아침 햇살을 받으며, 맑은 호수에 비친 반영이 기막히게 아름답다. 전주권 생활용수 공급을 위해 2001년 완공된 용담댐은 1개 읍과 5개 면이 수몰된 거대한 인공호수. 하루아침에 고향을 잃은 만여 명의 주민들은 그 심정이 어떠했을까. 망향의 슬픔을 달래는 모성처럼 넉넉한 품을 지닌 수려한 풍광이 렌즈를 통해 묵묵히 펼쳐진다. 그중에서도 주천 생태공원은 원초적 아름다움을 지녀 사진가들의 표적이 되는 곳. 실향민들의 사랑과 그리움을 사진가들은 렌즈로 건져내고 있는 것이다.

가을

Autumn

02.

국제하늘공원이 있는 영양의 청정 산골

메밀꽃이 질펀하게 피어있는 영양군 수비면의 인적없는 산골. 밤하늘이 뛰어나게 맑아 아시아 최초 국제하늘공원으로 지정되었다는 곳이다. 쾌적한 영양군청의 생태공원 펜션에서 휴식을 하며 반딧불이 천문대에서 밤하늘을 구경하고, 반딧불이와 놀던 동심의 밤을 잊을 수 없다. 반딧불이 출퇴근 시간이 일정한 것도, 그것이 짝짓기 순간이란 것도 신기했다. 아침 햇살에 빛나던 수비계곡의 청정한 산수화와 함께 두고두고 그리워질 아름다운 추억이다.

03.

단풍도 슬픈 비운의 남한산성

오천 년 역사를 통하여 병자호란만큼 치욕스러웠던 일이 또 있을까. 남한산성에서 청나라군에 포위되어 결사 항전했지만, 47일 만에 적장 앞에 무릎을 꿇고, 꽁꽁 언 논바닥에 이마를 찧으며 항복했다는 인조대왕. 더 이상 희생자가 없게 항복하자는 최명길과, 최후까지 싸워야 한다는 김상헌의 언쟁을 지켜본 행궁의 느티나무가 가을빛에 젖어 더 애틋해 보인다. 백제 때 축조된 이래, 인조 때 대대적으로 개축한 이 성은 시민들의 아름다운 휴식처가 되었지만, 숲과 계곡에 깃든 슬픈 역사를 생각하면 숙연해지지 않을 수 없다.

04.

봉천사의 자랑, 보랏빛 들꽃 향연

가을이 오면, 보랏빛 들꽃이 질펀하게 피는 문경 봉천사. 10여 년 전부터 심은 개미취꽃이 2500여 평이나 꽃밭이 되어 장관을 이루고 있다. 시야가 확 트여 일출의 명소로 소문이 나더니, 이제 보랏빛 꽃밭으로 인기를 얻어 축제까지 연다. 200년 이상 된 송림에 안개라도 끼면, 명작도 기대할 수 있다는 출사지가 되었으니… 한 비구니 주지의 공덕으로 이름 없던 자그마한 산사가 가을 명소로 떠오르고 있다.

05.

봉평에 메밀꽃이 피면

봉평에 메밀꽃이 피면, 가을이 왔음을 실감하게 된다. 그 꽃밭 위로 소원을 담은 풍등이 밤하늘을 화려하게 수놓고 있다. 소금을 뿌린 듯 하얀 메밀꽃들이 흐드러지게 핀 산길. 효석은 소설을 통하여 아련한 고향으로 우리를 초대해 주고, 봉평을 아예 메밀의 고장으로 만들어 놓았으니, 놀라운 소설의 힘이다. 축제가 대체로 그렇긴 하지만, 지나친 마케팅으로 효석의 서정을 욕되게 하지는 않을까. 메밀음식 하나만이라도 제대로 맛볼 수 있는 정감 있는 축제가 그립다.

가을

Autumn

06.

서정이 흐르는 초원, 원당 종마목장

하늘이 높고 말이 살찐다는 천고마비의 계절, 서울 근교에서 한가로이 가을을 즐기기엔 고양시의 원당 종마목장만한 곳도 없다. 드넓은 초원에서 말들이 풀을 뜯는 목가적인 풍경을 즐길 수 있는 가족 나들이처로도 좋지만, 한적한 곳을 찾는 연인들에겐 썩 좋은 곳이다. 서삼릉과 나란히 있어, 같이 즐기기에도 좋다. 드라마 촬영지로 유명한 곳으로, 3호선 원흥역 7번 출구로 나와 마을버스 43번을 타면 10분 거리. 입장료도 없고, 월·화는 휴무, 일요일엔 마을버스가 운행하지 않는다.

07.

억새도, 단풍도 일품인 산정호수의 가을

가을의 풍광을 고루 갖춘 곳으로 포천의 산정호수만한 곳이 있을까. 명성산 계곡의 황홀한 단풍과 5대 군락지로 꼽히는 억새밭. 거기에 푸른 호수까지 어우러졌으니 가을 풍광으론 최상이다. 그러나 돗자리 하나 펼 수 있는 공간이 없는 것이 큰 약점. 마의태자가 찾아오고, 궁예가 망국의 한을 품고 토한 울음이 산천을 울려 명성산이 되었다니, 어쩌다 이 산은 패망의 슬픔을 안고 찾아오는 통한의 산이 되었을까. 그 산이 병풍 친 호수의 둘레길을 걸으며 처연한 가을 정취에 흠뻑 빠진다.

가을

Autumn

08.

지조의 한양 조씨 집성촌, 영양 주실마을

400년 전통의 한양 조씨 집성촌인 영양 주실마을. 청록파 시인 조지훈 씨의 생가인 호은 종택을 중심으로 구성된 기와집 마을이 한눈에도 기품이 있어 보인다. 임란 때는 마을을 텅 비운 채 문중의 모든 남자들이 의병으로 나가고, 일제의 갖은 압박에도 끝내 창씨개명을 거부한 전국에서 유일한 마을이다. 자그마한 산촌에서 외교부 장관을 비롯, 대학교수가 수십 명, 4성 장군을 비롯한 장성도 10여 명이나 배출한 보기 드문 마을로, 풍수적으로도 연구 대상이라고. 조지훈 문학관과 시공원도 있는 등 품격이 돋보인다.

09.

고즈넉한 옛 나룻터, 안동 고산정

바라만 보아도 평온해지는 안동 고산정. 시간이 멈춘 듯한 강물과 산 그림자에 치유되는 평화를 느낀다. 청량산 기슭 가송리 협곡 절벽 밑에 있는 이 정자는 퇴계의 제자로 임란 때 의병장이었던 금난수(1530~1599)가 세운 것. TV 드라마 '미스터 선 샤인'에서 두 주인공이 나룻배를 타는 곳으로 방영되면서 세상에 알려진 비경이다. 여름철에는 래프팅의 명소로 인기라는데, 풍경 좋겠다, 안동 사람들은 놀이도 신선이다.

가을

Autumn

10.

남종화의 산실, 진도 운림산방

빗자루 몽둥이만 들어도 명화를 그린다는 진도 양천 허씨들의 본산지 운림산방. 추사로부터 서화를 배우고 남도화단을 개척한 소치 허련(1808~1893)을 필두로 5대에 걸쳐 화업을 이룬 것은 세계적으로도 드문 일이다. 2대 미산 허형, 3대 남농 허건, 4대 임천 허문, 5대 현재의 허진에 이르기까지 화가로 일가를 이루고 있는 것. 그 외에도 이 집안에는 30명이 넘는 화가들이 활동하고 있다니 경악할 일이다. 소치가 짓고, 그림을 그리며 살던 운림산방은 한국 최고의 예맥이 흐르는 품격있는 명화의 산실이었다.

11.

수묵화처럼 아름다운 옥정호의 선경

아침 햇살을 받아 호수면에서 아지랑이처럼 피어오르는 물안개가 신선이 노니는 곳처럼 선경을 연출하고 있다. 섬진강댐이 축조되면서 생긴 임실군 협곡에 있는 옥정호. 붕어를 닮았다는 붕어섬이 봄, 가을이면 심한 일교차로 물안개가 피어올라, 한 폭의 아름다운 수묵화를 만드는 것이다. 최근에는 출렁다리를 놓고 붕어섬에 생태공원을 조성해 야심 찬 관광지로 만들어 놓았으니, 백설에 덮인 원형의 모습을 보며 세월을 추억한다.

12.

관광지로 인기를 끄는 대통령 별장, 청남대

대통령 별장이 공개되어 관광명소로 인기를 끌고 있는 대청호반의 청남대. 당시 경호실장이 6개월 만에 완공해 대통령이었던 전두환에게 바쳤다는 일화는 유명하다. 철따라 변하는 광대하고 아름다운 천혜의 자연환경과 뛰어난 조경이 어우러져 감탄을 금치 못하게 한다. 붉고 노란 단풍잎이 카펫처럼 깔린 본관 정원의 가을 경치가 특히 압권이다. 탐방객들은 호기심에 찬 눈으로 대통령의 집무실, 침실 등을 기웃거려 보기도 하고. 이 별장의 특별한 내력과 함께 보기 드문 대통령 테마 관광지라, 관심을 더 끄는 것 같다.

13.

한국의 갈라파고스, 서해 굴업도

우리나라에 이런 섬이 있었던가 싶어 깜짝 놀랐다. 기암괴석이 해안을 누비고, 인적 없는 백사장이 눈을 홀리는가 하면, 푸른 초원이 망망한 바다를 향해 달리는 서해 외딴 섬. 인천에서 덕적도를 거쳐, 다시 쾌속선으로 갈아타고 한 시간쯤 더 가야 하니, 만만한 코스는 아니다. 대기업 CJ에서 매입, 몇 가구만 남고 모두 떠나버려 무인도처럼 텅 비게 되었지만, 천혜의 비경이 산재한 섬에는 온갖 동식물만 자라고 있어, 한국의 갈라파고스라 할 만한 곳으로. 캠핑족들의 성지가 되었다.

14.

남한강의 비경, 단양 잔도

절벽에 선반처럼 매달아 길을 냈다고 잔도라 부르는 단양의 수양개 역사길. 남한강 암벽을 따라 이어지는 데크 길이 편하고 아름다워 각광을 받고 있다. 그동안 접근이 어려웠던 남한강변 암벽에 총 연장 1120m, 폭 2m의 데크 로드를 설치해 노약자도 즐길 수 있게 다듬어 놓았다. 수면 위 20m 높이에 매달아 짜릿한 전율도 느끼면서 빼어난 절경도 감상할 수 있고, 천주산 만학천봉 전망대(해발 320m)인 만천하 스카이 워크로 연결돼 인기 짱이지만, 고소 공포증이 있는 사람에겐 그림의 떡. 이곳에서 바라보는 단양 풍광이 압권이다.

15.

가슴으로 밟고 가는 지리산 둘레길

지리산 둘레길 중에서 가장 아름답다는 전라도 남원 땅 인월에서 경상도 함양의 금계로 넘어가는 제 3코스 50리 길. 곶감이 나보다 무서운 놈인가 보다고, 할머니 얘기를 엿들은 호랑이가 도망친 산길도 걷고, 정든 집을 떠나는 두려움에 눈물지으며 시집가는 새색시가 꽃가마 창으로 내다보던 오솔길도 걷는다. 새참밥을 이고 가는 엄마보다 쪼르르 코흘리개가 앞장서던 들길도 바라보며, 휘어이 휘어이 또 걷는다. 경상도 사람은 서쪽으로 오고, 전라도 사람은 동쪽으로 가고…. 인생이 바로 길이 아니던가. 눈인사를 나누며, 휘어이 휘어이 걷는다.

가을
Autumn

16.

다도해의 명품 마을 1호, 관매도

다도해 국립공원에서 가장 아름다운 섬으로 뽑히기도 하고, 명품 마을 1호로 지정되기도 했던 진도의 관매도. 팽목항에서 떠나는 이 섬은 세월호 참사 후, 관광객들이 많이 끊어져 적막감만 돌고 있었다. 마실길을 따라가면, 산재한 비경으로 잠시도 눈을 뗄 수 없지만, 보아주는 이 없으니 더 외롭다. 2km가 넘는 백사장에는 300년 이상 된 노송이 3만여 평이나 우거져 피서철 해수욕장으로도 그만인 섬. 무엇보다 때 묻지 않은 인심이 돋보이는 정갈한 섬이라 더 정이 갔다.

17.

꿈의 예술 정원, 구룡산 뮤지엄 SAN

세계 어디에서도 볼 수 없는 꿈의 미술관이라고 영국 '파이낸셜 타임스'가 극찬한 원주의 뮤지엄 SAN. 세계적인 건축가 안도 다다오와 설치 미술가 제임스 터렐이 설계하고, 한솔제지 창업주 故 이인희 씨의 집념으로 완공한 예술의 정원이다. 오크벨리 골프장 옆, 해발 272m의 풍광 수려한 구룡산에 터 잡고, 대자연을 캔버스로 끌어들인 이 광대한 예술정원은 현대인이 갈망하던 힐링의 쉼터로, 바라보는 산과 물도 한 폭의 그림이다.

가을

Autumn

18.

가을의 서정시, 대청호 억새울음

가을의 서정을 느끼기에 억새만큼 좋은 것도 없다. 바람이 불 때마다 은빛 머리칼을 날리는 가녀린 모습이 쓸쓸한 가을의 정서에 딱 어울린다면서도, 단풍만 최고로 치니 억울하지 않을 수 없다. 큰 키에 갈색 머리로 바닷가에 사는 갈대와 달리, 산이나 하천가에 살면서 반가워 춤을 추면, 엉뚱하게 '갈대의 순정'이나 부르고, 기껏해야 '으악새 슬피우니…'라니 무슨 망발인가. 억울해 사각대며 울고 있으니, 억새야! 슬퍼하지 마라, 세상엔 외로워서 혼자 우는 사람도 많단다.

19.

아름다워라! 경회루의 가을밤

조선왕조 최초의 궁궐인 경복궁의 대표적인 건물로, 나라에 경사가 있을 때 연회를 베풀던 누각이지만, 어린 단종이 수양대군에게 옥새를 바친 슬픈 곳이기도 하다. 물 위에 뜬 화사한 자태가 푸른 숲과 어우러진 반영이며, 수면에 그리는 밤하늘의 흰 구름을 경외감 없이 바라볼 수 없다. 섬섬옥수 여인의 손길로 다듬은 고요인가, 은은한 조명과 어우러진 반영은 고궁의 가을밤을 채색하는 한 폭의 그림이었으니…. 그 우아한 자태에 매혹된 내 옆에 있던 서양인은 숨을 죽이며 넋을 잃고 있었다.

가을
Autumn

20.
한국의 아름다운 섬, 통영 소매물도

3,000여 개의 우리나라 섬 가운데 가장 아름답다는 한려수도의 보석, 소매물도. 쪽빛 바다와 푸른 초원, 가파른 해안 절벽을 따라 수직으로 갈라진 암석들이 아름다움의 극치를 보여준다. 2개의 섬이 마주 보며 하루에 두 번 물이 들고 남에 따라 하나도 되고 두 개도 되는 섬. 모세의 기적처럼 몽돌로 바닷길을 열어주는 열목개가 신비감을 더해준다. 푸른 초원 위에 흰 등대가 우뚝한 절해고도의 등대섬은 망망한 바다 위에 뜬 한 편의 그림엽서였다.

21.

고산의 풍류가 만든 세연정의 비경

우리말로 표현한 가장 아름다운 시가작품으로 한국문학사에 금자탑을 세운 고산 윤선도(1587~1671). 보길도 세연정은 호사가 넘친 그의 풍류를 엿볼 수 있는 비경의 정원이었다. 계곡을 막아 방대한 연못을 만들어, 무희들은 풍악에 맞춰 춤을 추고, 어부사시사를 지어 색동옷을 입은 아이들이 뱃놀이하며 부르게 해 즐겼다니 신선이 부러웠을까. 도르래로 운반해 주안상을 즐겼다는 동천석실은 풍류의 극치였다. 노화도와 진도를 개간해 부를 축적했던 그는 뛰어난 토목가요, 정원가이기도 한 풍류인으로 현지인들이 거부감을 갖는 것이 이해될 만했다.

가을

Autumn

22.

그림 같은 물돌이 마을, 예천 회룡포

낙동강 지류 내성천이 용이 날아오르듯 휘감아 돌아, 한 폭의 그림 같은 섬을 만들며 생긴 육지 속의 섬마을 회룡포. 장안사를 거쳐 올라간 비룡산 전망대에서 바라본 물돌이 모양의 굽어진 모습이 볼수록 신기하다. 뿅뿅다리를 건너 뒹굴고 싶을 만큼 고운 모래밭도 정감이 있지만, 사각거리는 내성천 바닥은 얼마나 상쾌하던지, 눈길을 끌 만한 풍경은 없어도 강변 마을의 정취에 흠뻑 빠진다. 예천군 용궁면 회룡포에는 이렇게 꿈결같이 9가구가 살고 있었다.

23.

다도해의 절경, 대매물도 해품길

섬을 한 바퀴 도는 6km의 해품길은 다도해의 아름다움을 한 눈으로 굽어보며 걷는 명품 트레킹 코스였다. 동백터널을 지나 산모롱이를 돌아서면, 어김없이 나타나는 기암괴석의 해안절경. 멀리 보이는 크고 작은 섬들이 푸른 바다와 어우러진 모습은 한 폭의 수채화였다. 어떻게 창조주는 이런 풍경을 만들어 사람들의 넋을 빼놓는 것일까. 청명한 가을 하늘 아래 펼쳐진 꿈결 같은 풍경에 그만 목석이 되고 만다.

가을 *Autumn*

24.

외나무다리로 유명한 영주 무섬마을

물 위에 떠 있는 섬이라고 무섬마을이라 부른다는 영주시 문수면 반남 박씨 집성촌. 외나무다리가 마을 사람들과 애환을 같이하는 유서 깊은 마을이다. 콘크리트 다리가 생겼는데도, 주민들이 애용하며 아끼는 명품 다리로 절대 버릴 수 없는 마을의 보배라고 한다. 고운 백사장을 휘돌아 가는 맑은 물이며, 100년이 넘는 고택도 16채나 될 만큼 옛 전통을 지키며 살고 있는 마을. 독립운동가가 많이 나와 더 유명해진 정감 있는 마을이었다.

25.

대통령도 배출한 명가, 논산 명재고택

여름철엔 배롱꽃이, 가을철엔 단풍이 운치를 돋우는 파평 윤씨 명재고택. 느티나무 노목 아래 수백 개 장독들 너머로 보이는 고택이 범접할 수 없는 기품을 느끼게 한다. 논산시 노성산 기슭에 있는 이 고택은 조선 숙종 때의 선비 윤증(1629~1724) 선생의 가옥. 임금이 18번이나 벼슬을 내렸지만, 번번이 사양했을 만큼 강직했던 선비다. 문도, 담도 없이 활짝 열어놓고 살았던 당당한 집으로, 동학혁명과 6·25 때는 방화를 못하도록 마을 사람들이 지켜주었다고. 이웃에는 문중 자녀들을 교육한 종학당도 있어 한국의 명가는 어떻게 이루어지는지. 소련 서기장 고르바초프도 방문한 집으로, 이 집안에서 대통령이 나온 것이 우연이 아니다.

26.

문화전당으로 기적을 이룬 남양 성모성지

병인박해(1866) 때 무명의 천주교도들이 처형당한 남양 도호부 터에 조성된 성모성지가 기적을 이루고 있다. 세계적인 건축가 마리오 보타의 설계로 세운 대성당을 비롯하여 건축, 조각, 조경, 그림 등 국내외에서 내로라하는 작가들이 10여 년째 문화성지로 만들고 있는 것. 성모성지로는 우리나라에 유일한 곳으로, 화성 8경에 꼽힐 만큼 경관도 수려하다. 벚꽃이 요란한 봄철의 화려함도 잊을 수 없을 만큼 아름다운 곳이다.

27.

꽃무릇이 붉게 타는 영광 불갑사

인도의 승려 마라난타가 창건했다는 우리나라 최초의 절, 영광 불갑사. 붉은 꽃술로 짠 카펫을 밟고 소리 없이 온 가을을 맞아 꽃불에 놀란 사람들이 비명을 지른다. '스님을 사랑한 처녀의 넋이라고도 하고/ 횃불을 들고 돌부처 앞에 섰던 동학의 함성이었다고도 하고/ 불갑산 골짜기로 끌려와 생매장 당한 산 사람들의 비명이었다고도 하고….'(이형권의 시 '불갑사에서') 50만 평이나 되는 절 주변이 온통 붉게 물들더니, 드디어 절 안까지 침범할 태세. 굳이 상사화라 부르며 여는 축제 때는 관광객들로 인산인해를 이룬다.

가을
Autumn

28.
현대 건축미로 최고라는 축서사의 석양

유복한 가정의 외아들로 태어나 서울대 상대를 졸업, 대기업에 입사하고도 인생에 회의를 느껴 입산했다는 무여 스님. 태백산 등에서 용맹정진하다가 폐허 된 절을 만나, 물려받은 유산을 쏟아 세웠다는 절이 봉화에서도 오지에 있는 이 축서사다. 길을 넓히고, 축대를 쌓으며, 현대 한국 건축미로 가장 아름답게 지었다는 절이다. 문수산 높은 언덕에 있어 일망무제로 펼쳐지는 장쾌한 소백산의 산봉들이며, 날아갈 듯한 절집의 지붕선에 내려앉은 석양빛을 감동 없이 바라볼 수가 없다.

29.

茶의 성지, 일지암에 오르는 대흥사 오솔길

남도의 끝자락 두륜산 기슭에 있는 신라 고찰 대흥사에는 다성 초의선사(1785~1866)가 손수 짓고, 40여 년을 살았다는 일지암이란 암자가 있다. 그 암자로 올라가는 산길은 나무들이 빼곡히 우거져 가을철 낙엽을 밟고 가는 40여 분의 길이 여간 운치 있는 것이 아니다. 산새 소리, 계곡물 소리를 들으며 걷는 신비롭고 그윽한 숲길. 그 비경의 단풍길 끝에는 茶의 성지라는 단아한 초가집, 일지암이 찻잔을 놓고 기다리고 있었으니…. 낙엽이 날려 바람인가 했더니, 그것이 바로 세월이었구나.

가을

Autumn

30.

단풍 1번지,
정읍 내장사의 가을

단풍 1번지로 유명한 백제 고찰 내장사. 긴 진입로는 정읍 제1경으로 꼽을 만큼 이 지역 사람들이 자랑하는 단풍터널이다. 대웅전 뜰에 들어서면, 아름드리 거목들이 내뿜는 단풍에 정신이 혼미할 지경. 우화루는 그중에서도 빼놓을 수 없는 명소다. 연못 가운데 우뚝 선 우화정이 붉은 단풍과 어우러진 반영은 수많은 관광객들의 인증샷으로 난리를 피우는 곳이기도 하다. 케이블카를 타고 싶지만, 인파로 엄두도 못 내겠다. 설화로 터널을 이루는 진입로 겨울 풍경도 기막히게 아름답다.

31.

천년을 두고 정평을 받은 장성 백양사

백양사가 단풍에 빠졌다. 송두리째 빠져 허우적대고 있다. 잎은 작아도 빛깔이 어찌나 진한지, 아기단풍의 위세가 장난이 아니다. 그중에서도 쌍계루의 반영은 단연 압권. 고려 목은 선생도, 이조시대의 김인후, 송순 등 시인묵객들도 찬사를 아끼지 않았다니, 백양사의 단풍은 천년을 두고 정평을 받아온 셈이다. 조선 8경에 꼽혔다더니, 헛말이 아니었구나. 연못이 세 개나 이어지는 독특한 지형으로 사진가들에겐 손꼽히는 가을 출사지다.

32.
의상대사의 염문이 깃든 영주 부석사

당나라 유학에서 돌아온 의상대사가 화엄사상을 전파하기 위해 왕명으로 세웠다는 영주 부석사. 중심 전각인 무량수전은 우리나라에서 가장 오래된 고려 목조건물로 빼어나게 아름답고, 그 앞에 있는 석등은 신라 석공예술의 극치를 보여준다. 이 전각의 배흘림기둥에 서서 바라보는 노을 젖은 소백산이 특히 압권이다. 의상대사를 사랑한 당나라 선묘낭자가 부석으로 변해 도왔다는 창건설화로 절 이름도 유래되었다고. 아직도 선묘각을 두고 그의 넋을 기리고 있으니, 의상은 미남이었던가, 가는 곳마다 염문도 많다.

33.

안동 권씨의 자부심, 천하길지 달실마을

금닭이 알을 품고 있는 형상이라는 우리나라 대표적 길지, 봉화 달실마을. 마을 앞에 누렇게 익어가는 정갈한 들녘이 깊은 인상을 준다. 종가인 충재 권벌(1478~1548) 선생의 고택을 중심으로 안동 권씨들이 전통한옥을 짓고 모여 살고 있는 기품 있는 마을이다. 종가 안의 청암정은 충재의 안목을 보여주는 풍광 빼어난 명품 정자로 충재의 맏아들이 은거했던 마을 입구 계곡의 석천정사와 함께 명승으로 지정되어 봉화 8경으로 꼽는다. 이 마을 며느리들이 만드는 오색 한과는 500년 손맛을 이어 온 제사 음식으로 유명하다.

34.

장엄한 만학천봉, 남설악의 만추

산악미의 극치를 보여주는 한국의 대표적 명산 양양의 남설악산. 하늘을 찌를 듯한 봉우리며 기암괴석, 울창한 숲에 묻힌 계곡과 폭포 등 수려한 산세가 보는 이를 압도할 만큼 장엄하다. 게다가 질 좋은 온천수까지 펑펑 쏟아지니 얼마나 고마운 산인가. 하얗게 눈이 덮인 겨울 산의 신령스러움도 잊을 수 없지만, 오색 단풍이 물든 설악은 사람들의 넋을 빼놓곤 한다. 주전골을 오르다가 바라본 하늘로 치솟은 불타는 단풍산에 그여히 가슴이 화상을 입고 만다.

35.

민초들의 염원이 쌓인 백담사의 돌탑

만추의 단풍에 젖은 구절양장 진입로의 황홀경에 잠시도 눈을 뗄 수가 없다. 중생을 구제한다는 절집이 한사코 중생과 멀어지려 한 것은 무슨 연유일까. 만해 한용운 선생이 득도를 하고, 세상을 호령하던 대통령이 한 뼘도 안 되는 골방에 유폐되었던 백담사. 내설악의 비경도 빼어나지만, 무엇보다 절 앞 계곡에 쌓인 돌탑이 감동적이다. 지금도 불자들뿐 아니라, 수많은 민초들이 애틋한 염원을 담아 끊임없이 쌓고 있으니, 설악산 맑은 물에 닦여 흐르는 이 기도를 불타인들 모른 체하랴.

36.

안성휴게소에서 만난 남사당 사물놀이

추석 무렵이었다. 안성휴게소에 들렀다가 뜻밖에 남사당의 사물놀이를 만나 덩달아 흥이 났던 기억이 새롭다. 어깨를 들썩이게 하는 신바람 나는 율동. 긴 끈을 펄럭이며 획획 그려내던 포물선. 신기한 우리 전통춤에 매료된 외국인들은 특히 떠날 줄을 모르고 즐거워했다. 최근 고속도로 휴게소를 모두 리모델링 하여 세계적으로 유명해지기도 했지만, 남사당패 본거지인 안성 옛 휴게소의 사물놀이는 잊히지 않는 여행의 추억이다.

37.

신비한 청송 주산지, 그 몽환적 풍경

인생의 여정을 사계절 시정으로 승화시킨 김기덕 감독의 영화 '봄, 여름, 가을, 겨울 그리고 봄'. 그 영화의 배경인 주산지의 몽환적 풍경을 담고 싶어 사진가들은 밤을 새워 달려온다. 물안개 피어오르는 새벽 호수에 빠진 단풍 든 산도 그렇지만, 300년이 지나도록 물속에서 자라는 왕버드나무의 반영이 신령스럽기까지 하다. 이조 숙종 때 축조된 이래 지금도 농업용수를 공급하는 마르지 않는 저수지라니 조상들의 예지가 새삼 놀랍다.

가을

Autumn

38.

세계적인 자연 생태지역, 창녕 우포늪

1억 5000만 년 전이라는 아득한 옛날에 이루어졌다는 70여만 평이나 된다는 끝이 보이지 않는 습지에는 온갖 생명체가 박동하는 대자연의 교향악으로 가득 찼다. 세월을 알 수 없는 왕버드나무와 제멋대로 자란 노목들이 원시의 분위기를 물씬 풍기는 우포늪. 자정능력도 뛰어날 뿐 아니라, 대지에 허파 노릇을 하는 생태계의 보고다. 1988년 람사르 습지에 등록되어 세계적인 자연 생태지역으로 보호받는 곳이다. CNN에서 한국의 아름다운 곳으로 추천한 비경지대이기도 하다.

39.

주왕산의 숨은 비경, 청송 절골

한국에 이런 풍광이 있었던가 싶게 주왕산 뒤쪽 절골의 비경은 신비로웠다. 성수기에는 소수의 예약 인원만 입장시켜 자연 상태가 온전히 보전된 것. 아득한 옛날 화산이 폭발해 형성된 협곡으로 신선이 즐겼다는 주왕산의 속살 같은 곳이다. 길도 잘 다듬었을 뿐 아니라, 수직 절벽이 병풍처럼 둘러싸고, 기암괴석 사이로 흐르는 물가엔 단풍도 유난해, 왕복 7km의 길을 어떻게 다녀왔는지 모를 정도. 한적한 아름다움이 그리워질 것 같다.

40.

장대한 풍경의 천안 독립기념관

천안시 목천읍에 있는 독립기념관은 국민의 성금으로 건립된 것이라 더 뜻이 깊다. 방대한 자연 속에 조성된 이 기념관에서는 국난을 헤쳐 온 우리 역사를 한눈에 볼 수 있어, 나들이 삼아 한 번쯤 다녀올 만하다. 으뜸 관광지로 선정되었을 만큼 경관도 수려하고, 1995년부터 직원들이 식목행사로 심은 2000여 그루의 단풍나무 숲길이 토하는 장관에, 가을이면 내장산 단풍이 울고 간다고 소문이 자자하다.

41.

불교계의 하버드대학, 순천 송광사

고려 지눌 선사가 조계종을 창시한 승보종찰 순천 송광사. 16명의 국사를 배출한 신라 옛절이지만, 그러기에 지눌 선사의 사리탑을 가장 높은 곳에 화려하게 봉안했다. 이 절의 승가대학은 세계의 젊은이들이 모여드는 불교계의 하버드대학. 근래에 지은 대웅보전은 목조건물의 진수로 그 앞에 탑 하나, 석등 하나 없는 것도 눈여겨볼 일이다. 임경당과 우화각, 침계류가 어우러져 물 위에 비치는 모습은 한국 건축미의 백미로, 사계절 평가받는 풍광 뛰어난 명찰이다.

가을

Autumn

42.

팔만대장경을 지켜온 기적의 합천 해인사

수많은 화재 속에서도 용케도 팔만대장경을 지켜낸 가야산 해인사. 6·25 땐 김명환 대령이 폭격을 거부하고 살려낸 이야기가 전설로 회자된다. 형수의 붉은 치맛단 자투리천으로 만든 '빨간 마후라'는 오늘날 조종사들의 상징이 되기도. 국난극복을 빌며 대장경 글자 하나하나 새길 때마다 합장했다는 고려 목공들의 정성이 가슴을 뭉클하게 한다. 홍류동 계곡을 따라 절 입구까지 조성된 트래킹 코스는 명품 단풍길이다. 2011년 대장경 천년문화축제 때의 사진이 감동에 빠지게 한다.

43.

번뇌도 숨을 죽인다는 고창 문수사

단풍 일번지라는 내장사보다 훨씬 먼저 천연기념물로 지정되었을 만큼 고창 문수사의 아기단풍은 유명하다. 일주문에서 절집까지 빼곡히 들어찬 빨갛고, 노란 단풍 터널은 사진 찍는 사람들로 불편할 정도로 탐방객들을 경탄케 한다. 이웃의 선운사에 가린 감이 있으나, 한적한 것도 오히려 매력이고, 자그마한 산사라 더 정겹다. 창건주 자장율사가 뒷산 동굴에서 기도할 때, 현몽하여 산속에서 찾아냈다는 문수석불은 스님을 닮은 유일한 부처로 감상 포인트다.

가을

Autumn

44.

단풍의 새로운 명소, 공주 마곡사

푸른 솔밭과 계곡이 아름답기로 유명한 공주 마곡사. 30여 년 전부터 심은 단풍나무가 성목이 되면서, 봄철의 벚꽃에 이어 새로운 단풍 명소로 뜨고 있다. 자장율사가 창건한 30여 칸의 대찰이 신라 말부터 몇 백 년 동안 폐사되었었다는 수수께끼 절. 일경의 눈을 피해 백범이 머리를 깎고, 6·25 때는 붉은 군화발이 법당을 짓밟은 곡절 많은 명찰이다. 계곡을 경계 삼아 대웅보전과 대적광전 등 핵심은 북원에, 영산전과 태화선원 등은 남원으로 나뉘어 있어 그 분위기가 사뭇 다르다.

45.

이국적 풍경이 빼어난 장태산 휴양림

푸른 하늘을 향해 쭉쭉 뻗은 메타세콰이어 단풍이 이국적 정취를 물씬 풍긴다. 원시림 속에 조성된 1만여 그루의 메타세콰이어를 비롯, 온갖 나무들이 빼곡한 이 휴양림은 천혜의 자연경관과 어우러져 절경을 이루는 만족도 1위라는 대전 8경의 하나. 임창봉(1922~2002) 씨가 조성한 최초의 민간 휴양림으로 지금은 대전시에서 인수, 개축하여 시민들의 휴식처로 인기를 끌고 있다. 정상의 전망대에서 바라보는, 산밑 저수지와 어울려 물드는 낙조는 감동 없이 볼 수 없다는 또 다른 비경이다.

46.

관광명소로 뜨는 보은 말티재 구불길

속리산 가는 길목 해발 430m의 고개에 1.5km 이어지는 말티고개. 180도 꺾어 열두 번도 넘게 돌아가는 구불길이 신기하다 못해 경이롭기까지 하다. 고려 태조 왕건과 이조의 세조가 속리산 행차 때 얇은 돌을 깔아 만들었다는 유서 깊은 길로, 가마에서 내려 말을 갈아탔다고 말티재라 부른다. 보은군에서는 고갯마루에 자비성이란 멋진 문루를 짓고, 전망대도 세워 독특한 풍광을 즐길 수 있는 관광지로 만들어 놓았다. 구렁이처럼 꿈틀거리는 굽은 길이 불타는 단풍 속에 장관을 이루어 관광객들은 몰려오는데 주차장이 좁아 문제다.

47.

스님들도 흔들릴 평창 월정사의 선재길

물길을 타고 오는 단풍이 어느 곳보다 먼저 와있어 오대천을 덮은 단풍이 눈이 부실 지경, 이렇게 찬란한 가을이 감쪽같이 숨어 있었구나. 월정사 선재길은 상원사를 오르내리던 스님들이 걷던 비경의 오솔길로 10km쯤 되는 명상의 길이련만, 너무 아름다워 스님들도 흔들리지 않을까 걱정된다. 계곡의 자갈길을 걷기도 하고, 낙엽 쌓인 숲길을 걷기도 하고, 도란도란 흐르는 물과 이야기를 나누며 걷는 호젓한 천년 옛길이다. 고속열차로 진부역에서 내려 시내버스(진부-월정사-상원사)로 갈아타면, 선재길은 물론 상원사도 편하게 다녀올 수 있으니, 꿈 같은 일이다.

48.

볼수록 정이 가는 순창 강천사의 매력

그 넓은 주차장이 밀려오는 차량들로 바다를 이루고 있는 것을 보면, 이곳의 인기를 실감할 수 있다. 내장산 단풍을 최고로 치지만, 규모가 그만 못해서 망정이지 곳곳이 포토존일 만큼 사진가들에겐 더 매력적이다. 계곡에 물이 많아야 그 진수를 볼 수 있음은 잊지 말 것. 2.8km쯤 되는 웅장한 구장군 폭포까지는 다녀와야 하지만, 가는 길이 비경의 연속이라 오히려 아쉬울 정도다. 입구의 저수지부터 비롯되는 자연 풍광은 여름철도 만만치 않다.

49.

단풍 터널이 일품인 속리산 법주사

오리길이라 불릴 만큼 긴 진입로가 만추의 정감을 물씬 풍긴다. 세월의 무게가 덕지덕지 낀 거목의 단풍이 멋진 터널을 이룬 보은 법주사. 미륵불의 요람답게 금동미륵불이 압도할 만큼 웅대하다. 신라 때(776) 조성되었으나, 대원군이 경복궁을 중수하며 몰수해 시멘트로, 청동대불로 변신했다가 2000년 들어 제 모습으로 복원되었다니, 수난도 많았던 부처다. 팔상전은 우리나라에 남아있는 유일한 5층 목조탑으로 이 절의 감상 포인트. 금강문으로 들어서기 전, 오른쪽 저수지로 빠지는 둘레길은 현지인들이 사랑하는 비경의 단풍길이다.

50.

구수천 팔탄 협곡에 숨은 장엄한 가을

장관이다. 계곡을 감싼 불타는 단풍에 벌린 입을 다물 수가 없다. 첩첩이 쌓인 우람한 협곡이 우리나라에도 이런 산세가 있었던가 싶다. 상주의 옥동서원에서 영동 반야사까지 여덟 번 휘어진다는 구수천 팔탄 계곡. 민가 하나 없이 새소리, 물소리만 들리는 호젓한 계곡길이다. 구수천 팔탄의 옛길은 아는 사람이나 찾아가는 비경의 트레킹 코스. 절 뒤 문수전에 오르면, 물길을 끼고 펼쳐진 만추의 풍광에 넋을 잃게 된다. 세조가 피부병을 고쳤다는 절벽 밑 청정계류는 절 앞에 이르러 습지를 이루며, 원시의 신비를 보여주기도 한다.

51.

세계가 인정한 숲의 바다, 광릉 국립수목원

150만 평이나 된다는 포천시 소흘읍에 있는 거대한 광릉 국립수목원에 들어서자, 고즈넉한 가을 운치가 단번에 마음을 사로잡았다. 세조의 능으로 설정된 이래 560여 년 동안 엄격히 보호된, 세계적으로도 인정받는 숲의 바다. 일제 강점기와 6·25 때도 훼손되지 않고 용케 살아남아, 원시림이 빚어내는 비경은 놀랄 만했다. 그중에도 육림호는 사진가들에게 가장 인기있는 포토존이다. 일요일을 제외하고, 인터넷이나 전화를 통한 사전예약자 4500명씩 입장시키지만, 워낙 방대해 사람들이 별로 눈에 띄지 않는다.

52.

전주 향교의 황금빛 은행나무

황금빛 단풍의 절창을 보여주는 전주 향교의 은행나무. 노란 물감이 뚝뚝 떨어질 것 같은 아름드리 나무들의 운치가 장관이다. 고려 공민왕 때(1354년) 세웠다는 이 향교에는 벌레를 타지 않는 은행나무를 심어 교훈으로 삼았다는 것. 전주 한옥마을 안에 있어 주변 환경과도 잘 어울리고, 고색 짙은 옛 건물들과 어우러진 가을빛이 감동적일 만큼 아름답다. 양반골 후손들은 데이트도 향교에서 하나. 여기저기서 연인들이 심심치 않게 눈에 띈다.

53.

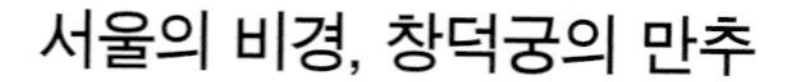

서울의 비경, 창덕궁의 만추

고궁의 만추는 황홀했다. 이렇게 아름다운 단풍이 한곳에 집약된 곳이 어디 있던가. 이따금 호랑이도 나타났을 만큼 심산유곡이었다는 창덕궁. 자연지형을 그대로 살려 골짜기마다 누각도 세워놓는 등, 창덕궁의 후원은 비경의 덩어리였다. 활쏘기 대회도, 군사훈련도 했다는 14만 평이나 되는 궁궐. 이렇게 아름다운 고궁이 어느 나라 수도 복판에 있을까. 궁궐 중에 유일하게 유네스코 문화재에 등재된 창덕궁은 볼수록 귀한 서울의 보석이다. 그 옆으로 봄철이면 유명한 창경궁 벚꽃과 귀한 백송도 볼 수 있으니 더 고맙다.

가을

Autumn

54.

인현왕후의 눈물 젖은 김천 청암사

이렇게 운치 있는 절을 어찌 몰랐을까. 수령을 알 수 없는 노거수들이 옥계수를 둘러싼 풍치가 절경이다. 쓸쓸히 흩날리는 낙엽이 허망한 인생과 다를 바 없거늘, 그 허망을 얼마나 일찍 깨달았으면 복사꽃 같은 나이에 산문을 두드렸을까. 이 절의 비구니 대학에서는 어린 학승들이 목탁을 두드리고 있다. 장희빈의 모함으로 쫓겨난 인현왕후가 3년간 머물렀던 심산유곡의 청암사. 하루아침에 폐서인이 되어 지냈던 독수공방이 얼마나 서러웠을까. 이런 인연으로 이 절은 궁녀들의 은거처가 되고, 수도암에 가는 산책길이 인현왕후길이란 그윽한 걷기 길이 되었다.

55.

설악산에 숨은 비경의 한계사지

설악산에서 가장 아름다운 절이었다는 비경의 절터 한계사지. 한계령 입구 장수대 분소 근처에 숨어 있어 찾기가 쉽지는 않다. 기암괴석의 산봉에 둘러싸인 전각들을 상상해보며, 이끼 낀 주춧돌이며, 석탑들을 경이로운 마음으로 살펴본다. 신라 때 자장율사가 창건한 백담사의 전신 사찰로 조선시대까지 존재했었다는 미지의 절이다. 아무런 기록도 없이 사라져버렸다니, 이 수수께끼를 누가 풀어줄까.

가을

Autumn

56.

천주교의 슬픈 전설, 제천 배론성지

신유박해(1801) 때 천주교도들이 숨어 신앙을 지켜온 제천의 교우촌이다. 봄에는 벚꽃이, 가을에는 단풍이 아름다워 관광객들도 찾아오는 명소가 되었다. 이곳 토굴에서 한국 천주교의 박해 상황을 고발하며 구원을 요청하는 백서를 쓴 황사영 씨는 능지처참 당하고, 모친은 노비로, 부인은 제주도로 귀양. 우리나라 최초의 신학교였던 이곳 신학생들은 순교해 한 분도 신부를 배출하지 못하고 폐쇄되었다니, 한국 천주교의 핍박사에 경악하지 않을 수 없다.

57.

거칠고 장엄한 섬, 울릉도의 해상관광

깔끔하게 정비된 부두며, 최신 여객선들이 들락이는 멋들어진 터미널. 진입로 난간에 휘날리는 태극기들이 인상적이다. 만추의 단풍산이 감싸고 있는 도동항은 생각보다 미항이었고, 맞은편 해안 산책로엔 뜻밖의 비경이 숨어 있었다. 갈매기와 동행하며 유람선을 타고 본 해안은 어쩌면 그렇게 수려한지, 장엄하고 그로테스크한 풍광에 잠시도 곁눈을 팔 수 없었으니, 그중에도 삼선암은 볼수록 비경이었다. 하늘길도 곧 열린다니, 그 유명한 설국의 울릉도도 기대할 수 있을까.

58.

산의 파도, 수산리의 자작나무 군락

자작나무라면 원대리만 알고, 수산리에 더 큰 군락지가 있는 것을 아는 이는 드물다. 인제군 응봉산의 구절양장 임도길을 트레킹하다 보면, 1986년부터 '동해펄프'에서 조림한 100만여 그루의 자작나무가 빼곡히 산을 덮고 있다. 신기하게도 한반도 지형도 하고 있어 눈길을 끈다. 인가 하나 없는 황갈색 바다 위에 파도치는 노란 자작나무 단풍, 북구의 정령인가, 하늘로 쭉쭉 뻗은 풍광이 만추의 정취를 물씬 풍긴다.

59.

사진가들만 아는 명소, 갑둔리 비밀의 정원

화전민들이 농사를 짓던 곳에 군부대의 훈련장이 생기면서, 민간인 출입이 금지돼 원시상태로 돌아간 인제 갑둔리에 있는 비밀의 정원이다. 가을철 일교차가 심한 새벽녘이면, 물안개 속에 드러나는 서리 앉은 오색 단풍이 몽환적일 만큼 신비로운 것을 그여코 사진가들이 찾아낸 것이다. 그러나 해만 뜨면 서리도, 물안개도 금세 사라져, 수백 명의 사진가들이 밤새워 진을 치며, 찰나의 풍경을 잡으려는 모습이 또 장관을 이룬다.

가을

Autumn

60.

황금빛 노을에 젖는 순천만 S라인

남도의 끝자락 순천만은 사진가들의 발길이 끊이지 않는 곳이다. 세계 5대 습지로 꼽힌다는 넓은 갯벌과 질펀한 갈대밭 위에 나는 흑두루미가 유명하지만, 해 질 녘 황금빛 수로가 S라인을 그리는 풍경이 사진가들을 유혹한다. 용산 전망대에 오르면 이런 풍경을 한눈에 볼 수 있는 것. 보랏빛 칠면초와 어울려 갯벌을 휘돌아 갈대숲으로 들어가는 물길은 한 편의 서정시였으니, 고깃배도 덩달아 춤을 추며 시를 쓰고 있었다.

61.

지리산에 숨은 별천지, 하동의 청학동 삼성궁

호수를 돌아 동굴을 지나자, 동화 속에나 나올 법한 기이한 풍광이 파노라마처럼 펼쳐진다. 환인, 환웅, 단군을 모신 삼성궁을 성전으로 홍익인간의 이상을 실현하기 위해 복원한 고조선 소도라는 것. 돌탑만도 1500개, 솟대가 3300개나 된다니 규모도 엄청나다. 해발 850m의 지리산 청학동 골짜기엔 이렇게 한풀선사라는 강민주 씨가 50년에 걸쳐 이룩했다는 별천지가 가을빛에 젖어 더 신비로워 보였다.

62.

행복한 가을 출사지,
괴산 문광 저수지

황금빛 은행나무 단풍길로 유명한 괴산 문광 저수지. 수면에 비친 반영이 아름다움의 극치를 보여준다. 물속에 빠진 단풍산이며 자그마한 조대들도 멋진 조연을 하여, 물안개 피어오르는 새벽의 몽환적 풍경이 죽여준다며, 사진가들이 밤새워 달려가는 곳이다. 1979년 자전거로 묘목장사를 하던 주민이 은행나무 300여 그루를 기증해 심은 것이 평범한 시골 저수지를 전국적인 명소로 만들어 놓았다. 주민들의 지혜가 어떻게 세상을 아름답게 하는지, 물씬 풍기는 가을 정취를 맛볼 수 있는 행복한 출사지다.

63.

함양인들의 마음의 고향, 천년 숲 상림

함양 사람들이 가슴에 품고 그리워한다는 상림이다. 신라 때 태수로 있던 고운 최치원 선생이 제방을 쌓고 조림했다는 21헥타르나 된다는 방대한 숲에는 2만여 그루의 나무가 1.6km에 걸쳐 자리 잡아 있고, 없어진 하림까지 생각하면 그 규모는 상상을 초월한다. 천년 세월 동안 함양 사람들의 희로애락이 아롱진 이곳에는 시집살이 폭폭해 울고 간 며느리도 있었을 테고, 첫사랑의 키스에 가슴 두근거리던 추억도 있을 테고…. 상림은 함양 사람들의 삶이 녹아있는 어머니 품 같은 곳이었다.

가을

Autumn

64.

악어떼들이 우글거리는 충주호의 장관

영락없이 악어떼들이 우글거리며 물속으로 들어가는 형상이다. 세상에 이런 곳이 있었던가 싶게, 눈앞에 보면서도 믿기지 않는다. 극성스러운 사진가들이 발견, 입소문이 나면서 악어섬으로 유명해진 월악산 자락의 대미산(해발 448m). 충주시에서는 이 이색적인 풍광을 충주호의 명품 관광지로 만들기 위해 험한 길을 다듬어 데크 로드를 놓는 등 정성을 다해 개장했으나, 가파른 산길임은 각오해야 한다. 정상 전망대까지는 900m, 한 시간 남짓이면 다녀온다.

65.

단풍으로 유명한 방태산의 폭포들

골이 깊고, 숲이 울창한 방태산은 휴양림 가운데 단풍이 가장 아름답다는 곳이다. 그중에서도 2단 폭포를 비롯한 크고 작은 수많은 폭포를 가진 이곳은 사진가들을 매혹하는 비경이 산재해 있다. 마당바위 아래쪽 휴양관 밑 계곡에도 멋진 가을이 숨어 있다. 마침 비가 온 직후라 수량도 풍부하고, 단풍도 절정으로 치닫고 있어 모처럼 이곳 풍경을 제대로 만났지만, 좁은 계곡에서 자리다툼이 심해, 사진 찍기가 쉽지 않은 것이 큰 험이다.

66.

지리산의 황홀경,
뱀사골 단풍

대단한 단풍이다. 단풍의 진가는 물가에서 볼 수 있다지만, 뱀사골 단풍은 상상을 초월했다. 계곡미도 뛰어나지만, 오색 빛깔이 어우러진 단풍은 숨이 막힐 지경이었으니, 북부사무소에서 간장소까지 7km가 단풍길로, 그중에도 요룡대에서 탁용소 구간이 압권, 길도 순해 콧노래가 절로 나온다. 여름 피서지로만 알았던 뱀사골 계곡은 단풍 여행지로도 최고였다.

67.

호남 풍류의 원형, 강진 백운동 원림

세상에 별로 알려지지 않았지만, 단풍에 덮인 백운동 원림은 뜻밖의 선경이었다. 호남 의병의 명가, 원주 이씨 이담노(1627~1701) 옹이 은거했다는 월출산 밑의 외진 산골. 소쇄원, 세연정과 함께 호남의 3대 원림으로 꼽힌다지만, 포석정처럼 유상곡수를 만들어 놓는 등, 그윽함이야 으뜸 아닐까. 이곳 풍광에 반한 정약용이 초의선사를 불러 그리게 한 백운동도를 바탕으로 최근에 복원한 것이다. 동백나무, 비자나무, 대숲 사이로 어렴풋이 뚫린 오솔길 끝에 꿈결같이 나타난 신비로운 원림. 월출산과의 사이에 도로를 내어 계곡을 끊어 놓아 안타깝다.

가을

Autumn

68.

통영인들의 사랑, 명품 항구 강구안

유난히 맑은 쪽빛 바다가 가슴을 설레게 하는 통영. 이런 풍광이 정신적 바탕이 된 것일까. 유치환, 김춘수, 박경리 등의 문인을 비롯해 윤이상, 전혁림 등 걸출한 예술가들을 배출한 통영은 호떡집 벽에도 시구가 붙어있을 만큼 감성 있는 예향이었다. 이런 통영인들의 정서가 밴 강구안은 통영인들과 뗄 수 없는 삶의 온상이었으니, 이순신 광장이 중앙시장과 연결돼 관광객들의 쇼핑욕도 충족시켜주는 명품 항구였다.

69.

구례 평야를 굽어보는 사성암의 비경

어떻게 절을 저렇게 지었을까. 산꼭대기 절벽에 아슬아슬하게 붙어있는 신라 옛 절 사성암. 구도의 길이 어렵다지만, 저렇게 위험한 곳이라야 득도할 수 있을까. 의상, 원효, 도선, 전각 등 네 고승이 수도했다는 절. 천년 전 가파른 산길을 오르내렸을 일은 생각만 해도 끔찍하다. 은어와 다슬기를 잡는 민초들의 애환을 싣고, 굽이굽이 광야를 흘러가는 섬진강. 파노라마처럼 전개되는 풍경을 굽어보며, 누렇게 익어가는 구례 평야의 서정에 흠뻑 빠진다.

70.

망국의 한이 서린 덕수궁의 만추

만추의 정취가 물씬 풍기는 비운의 궁궐 덕수궁. 빌딩 숲에 갇힌 가을빛이 처연해 더 애처롭다. 일제가 낸 관통도로에 두 동강이로 쪼그라든 채, 경운궁이란 제 이름도 잃고, 덕수궁으로 바뀐 슬픈 왕궁. 선조가 승하한 곳으로, 광해군과 인조가 즉위한 곳으로도, 기울어가는 나라의 가운데에 섰던 고종의 한이 서리기도 한 역사의 현장이다. 그 상처들을 속으로 삭이며, 서울 한복판에 섬처럼 떠 있는 망국의 궁궐 뜰에는 늦가을 햇살만이 애잔하게 흐르고 있었다.

겨울, Winter

평창 발왕산의 설경

01.

일출의 명소, 연인들의 성지가 된 정동진

이름 없는 자그마한 어촌이 연속극의 배경이 되면서, 사랑의 성지가 된 강릉 정동진. 그 드라마의 장면을 떠올리며, 얼마나 가슴이 설레었던가. 파도는 왜 그렇게 몰아치는지. 그 파도에 힘입어 골인한 사랑도 있을 테고, 토라진 마음을 달래다 못해, 파도에 날린 한숨도 있을 테고…. 저 많은 발자국마다 얼마나 많은 사연이 깃들어 있을까. 바다와 가장 가까운 역으로 '기네스 북'에도 올랐다는 정동진. 새해 첫날에는 일출을 찍으려는 사람들로 북새통을 이루는 아름다운 해변이기도 하다.

겨울

Winter

02.

울산의 힐링 쉼터, 주전 몽돌해변

검은 돌이 구슬처럼 구르는 울산 주전 몽돌해변. 동글동글한 몽돌이 파도에 부딪치는 소리를 들으며 발바닥을 간질이는 촉감이 힐링이 되는 기분이다. 한적한 해변을 거닐며 낭만에 젖기도 하고, 우두커니 서서 물멍하기도 좋다. 싱싱한 해산물로 식도락을 즐기는 것은 덤이다. 이곳에서 강동으로 이어지는 해안도로는 울산 12경에 꼽히는 최고의 드라이브 코스. 화려한 카페들과 포구의 아득한 불빛으로 밤풍경이 특히 아름답다는 곳이다.

최고의 겨울 여행지, 무주 덕유산

사통팔달로 굽어보는 곳마다 흰 눈꽃밭으로 가슴이 벅차다. 국토의 중심부에 있어 접근하기 좋고, 1614m나 되는 고산이라 조망이 탁월하다. 케이블카에서 조금만 오르면, 정상인 향적봉에서 누구나 호연지기를 맛볼 수 있고, 멋진 설경도 만끽할 수 있으니, 이런 명산이 또 있을까. 게다가 스키장까지 있어 산악인도, 스키어도, 관광객도 모두가 즐길 수 있으니 덕유산은 한국 최고의 겨울여행지이지만, 케이블카 티켓이 문제다. 5월이면 철쭉꽃 속에 맞이하는 일출도 사진가들은 잊지 못한다.

겨울

Winter

04.

서정미 뛰어난 강진만의 생태공원

탐진강과 만나 강어귀에 형성된 강진만의 습지는 별로 알려지지 않아 호젓해서 좋았다. 순천만보다야 규모는 작지만, 그래도 20여만 평이나 펼쳐진 갈대밭과 질펀한 갯벌은 서정미가 뛰어났다. 갈대 사이로 이리저리 난 데크 탐방로를 걷다가 푸드덕 나는 철새들에 나도 놀라고, 저도 놀라고…. 갯벌을 물들이는 붉은 낙조가 감동적이라는데, 그런 복은 없어 아쉽다.

05.

자연의 신비, 고성 서낭바위

고성군 죽왕면 오호리항 옆엔 주민들이 풍어제를 지내는 기묘한 바위가 있다. 그 옆에 서낭당이 있어 서낭바위라 불리는 이 바위 머리 위엔 상투를 튼 것처럼 소나무 한 그루가 자라고 있어 신비하기 짝이 없다. 인적도 별로 없는 풍광 좋은 바닷가라 은밀한 여행지를 찾는 이들에겐 제격이다. 데크 길이 잘 닦여 있고, 동산에는 전망대도 있어 탁 트인 바다도 즐길 수 있는 비경지대로, 고등어가 잘 잡힌다고 낚시꾼들 사이에선 소문이 나 있다.

겨울

Winter

06.

설원의 귀부인, 원대리 자작나무

은빛 나신으로 설원을 지키고 있는 북구의 귀부인 자작나무. 쭉쭉 뻗은 자작나무의 진면목은 흰 속살을 드러내는 겨울이 제격이다. 엄동설한 긴 밤이 얼마나 외로웠으면, 제 몸을 저렇게 쥐어뜯어 생채기를 냈을까. 그 표피에 연서를 쓰면, 이루지 못할 사랑이 없다니. 북구의 여신은 사랑의 화신인가. 3.2Km의 진입로가 만만치 않지만, 40여만 그루의 자작나무가 빼곡한 이곳은 이제 한국의 인기 관광지가 되었다. 폭설도 즐거워 자작나무 숲을 누비는 중년 소녀들의 웃음소리가 옥구슬처럼 설원을 뒹굴어가고 있다.

07.

대관령의 겨울 서정시, 양떼 목장

기막힌 설경이다. 만개한 벚꽃이 도열하고 있는 듯, 화사한 자태가 황홀하기 그지없다. 하늘은 또 어찌 이리 푸른지, 눈이 시릴 지경, 환상이다. 양떼들이 뛰노는 초원의 풍경도 좋지만, 청정한 이런 감성 풍경에 매료돼 사진가들은 이곳을 최고의 겨울 출사지로 꼽는 것이다. 유명한 대관령 북풍은 각오해야 하지만, 62,000평 규모도 알맞아 산책하기 좋고, 풍광이 빼어나 관광지 못지않게 인기 있는 양떼 목장. 겨울철 대관령에서 만나는 한 편의 서정시라 할 만하다.

08.

X-mas card처럼 예쁜 평창 실버벨 교회

대관령IC 맞은편 언덕 위에 있는 실버벨 교회가 평창의 숨은 보석이라고 아우성이다. 누구든 기도하거나 쉼터로 이용할 수 있게 24시간 개방하는 이 교회는 지키는 이도, 성직자도 없이 방문객만을 위한다는 고마운 성전이다. 그 밑의 '나폴리 피자 대관령 본점'을 이정표 삼아 찾기도 쉽고, 주차장으로 이용할 수도 있어 좋다. 사계절 자연풍광이 아름다운 곳이지만 흰 눈이 펑펑 내리는 겨울밤 불이 켜지면, 동화 속처럼 예쁜 Christmas card 같다고 열광들 한다.

09.

한계령을 위한 연가

어두워지면 산적들이 나온다는 이조시대의 금표가 지금도 남아있는 설악산의 한계령. 폭설을 맞은 도로가 말끔히 치워져 독차지한 듯 흥분해 뛰어다니다가 뒤를 돌아보니 설경이 기막히게 아름답다. 유럽 어느 설국의 그림엽서에 나오는 산막처럼 아득히 보이는 예쁜 한계령 휴게소. '한겨울 못 잊을 사람하고 한계령쯤 넘다가/뜻밖에 폭설을 만나고 싶다….' 문정희 시인의 '한계령을 위한 연가'가 문득 떠오르는 감동적인 날이었다.

겨울

Winter

10.

찬란하도다, 함백산 눈꽃화원

천상의 화원이 이런 모습일까. 하늘은 푸르고, 땅 위는 하얗고, 흰 구름은 두둥실, 날씨는 어찌나 맑은지, 설화와 상고대가 만든 별천지를 바라보며, 벅찬 감동을 누를 수 없다. 해발 1330m의 만항재 휴게소에서 1km만 오르면 바로 정상. 군용도로를 따라 3km만 걸으면, 더 편하게 정상에 올라 함백산의 이런 장쾌한 풍광을 맛볼 수 있는 것이다. 능선에서 빙빙 도는 이국적인 풍력발전기까지, 아, 아름다운 내 나라, 사랑스러운 국토를 와락 껴안아 주고 싶다.

11.

흰 꽃밭으로 변한 경이의 외설악

놀라운 일이다. 세상이 어떻게 이런 꽃밭으로 변할 수 있을까. 아름다운 설화를 많이도 보아왔지만, 이렇게 황홀한 눈꽃밭은 처음이다. 간밤의 폭설이 아침까지 이어진 데다 인적이 끊긴 산속이라 설화가 고스란히 만발해 있다. 한 폭의 그림을 보는 것 같아 벅차오르는 감동을 억제할 수 없어 셔터를 누르면서도 가슴이 뛴다. 케이블카를 타고 권금성에 오르면 또 다른 장관에 입을 다물지 못한다.

12.

강릉 솔향수목원의 환상적인 설경

천국에 가면 이런 모습일까. 이리 보나, 저리 보나, 활짝 핀 하얀 꽃밭. 코앞까지 방긋거리니 사진찍기가 오히려 힘들다. 어떻게 이런 설경이 가능할 수 있을까. 데크 탐방로를 따라 흥분해 걸으면서도, 꿈속처럼 믿을 수가 없다. 금강 소나무 본고장답게 그 원시림을 즐길 수 있도록 조성했다는 강릉 솔향수목원. 폭설이 쏟아지면 기막힌 설국이 되니, 설경이 그리운 이는 무조건 달려갈 일이다. 입장료도 주차비도 없으니 횡재를 한 기분이 든다.

13.

왕자들이 수도한 폭설 속의 절, 상원사

천여 년 전 왕자들이 들어와 수도했다는 오대산 상원사. 폭설에 묻혀 겨우내 침묵에 빠지는 깊은 산속 고지대의 산사다. 형은 끝내 구도의 길로 들어서고, 아우가 돌아가 왕위를 계승하니, 그가 신라 성덕왕, 신라 천년 중 가장 행복한 태평성대를 이룩했던 왕이다. 금수저를 물고 태어났어도, 조상들은 이렇게 영육을 닦을 줄 알았던 것. 피부병으로 고생하던 세조가 이곳 계곡에서 목욕하다가 문수보살을 만나 치유했다는 전설이 유명하고, 자객으로부터 목숨을 구해주었다는 법당 앞에 있는 고양이의 석상도 귀한 유물이다.

거울

Winter

14.

여행자의 멋진 숙소, 공주 한옥 마을

자기 고장을 찾아온 여행객들의 숙소를 위해 마련했다는 백제 고도 공주의 한옥 마을이 눈길을 끈다. 전통 양식에 현대적 감각을 입힌 이 마을에는 전통문화 체험장을 비롯하여 편의점, 식당, 카페, 심지어 주막까지 갖춰, 여행의 즐거움을 배가시켜 주고 있다. 가족 여행은 물론, 워크숍이나 수학여행에도 이용할 수 있다고 한다. 따뜻한 구들장 체험에 온천수로 피로를 풀 수 있는 족욕탕도 있어, 외국인들에겐 특히 못 잊을 추억이 된다나.

15.

사계절이 아름다운 고창 선운산 도립공원

동백꽃을 필두로 봄에는 벚꽃이, 여름엔 꽃 무릇이, 가을엔 단풍이, 겨울엔 설경이 언제 찾아도 아름다운 선운산 도립공원. 그 산자락에 있는 선운사는 유서 깊은 호남의 명찰로, 도솔암까지는 다녀와야 그 비경을 제대로 감상할 수 있다. 경내가 워낙 넓어 시즌 어느 때나 복잡하지 않은 것도 큰 장점. 절 앞을 가로지르는 도솔천엔 줄지어 서 있는 느티나무 노목들의 반영이 아름다워 사진가들의 발길이 끊이지 않고 있다.

겨울

Winter

16.

한적한 힐링의 오솔길 죽변 등대길

울진의 자그마한 어촌 죽변 등대길. 연인들의 데이트 코스로도 좋은 한적하고 아름다운 길이다. 솔숲 우거진 산속을 걷다 보면, 푸른 동해의 풍광이 눈앞에 펼쳐지고, 파도가 넘실대는 해변으로 곧바로 내려갈 수도 있다. 그중에서도 TV 드라마 '폭풍 속으로' 세트장이었던 '어부의 집'은 멋진 포토존. 그 뒤에는 파도가 하트를 그리는 예쁜 해변이 있어 사랑의 인증 사진을 찍기도 좋다.

17.

자연 속에 녹은 편한 절, 변산 내소사

600m에 이르는 긴 전나무 숲길을 지나 만나는 내소사는 천년 수령의 당나무가 경내에 우뚝 서 무속신앙과 동거하는 특이한 절이다. 자연석 위에 제각기 다른 기둥을 세운 봉래루며, 경사진 지면에 그대로 세운 대웅전 앞의 설선당에서 자연과 일체로 살아간 조상들의 뜻을 읽을 수 있다. 이조 때 중건된 무채색의 대웅전은 쇠못을 사용하지 않은 것으로 유명한데, 정교한 예술품으로 회자되는 목조 창살이 세월에 마모되어 뼈만 앙상해 애석하다.

겨울

Winter

18.

관광 섬으로 부상하는 비경의 욕지도

통영에서 뱃길로 한 시간 남짓 걸리는 한려수도 최남단에 있는 먼 곳이지만, 가보면 후회 없는 비경의 섬이다. 일주도로를 타고 둘러보는 관광도 빼놓을 수 없지만, 출렁다리를 건너 이어지는 해안 산책로를 걸으면, 기암괴석의 절경에 경탄하게 된다. 관광모노레일을 타고 산에 오르면, 천왕봉 정상인 대기봉에서 한려수도의 진면목도 감상할 수 있다. 이 섬의 특산품인 고구마는 맛이 뛰어나 품절이 될 정도로 유명해 할머니들이 바리스타로 일하시는 욕지도 할매 카페도 덩달아 유명해졌다.

19.

설경이 신비로운, 월정사 전나무 길

광릉수목원, 부안 내소사와 함께 3대 전나무 길로 꼽히는 월정사 진입로. 1km에 이르는 울창한 전나무숲 길에 눈 내리는 풍경이 신비롭다. 370년쯤 된 노목을 비롯해 80년 안팎의 1700여 그루가 하늘을 떠받치고 있는 모습이 장관이다. S자형으로 휘어진 완만한 길이 오대천을 끼고 천년 고찰로 들어가는 것이, 불문의 길은 이렇게 그윽한 것인가. 설화로 가득한 장대한 월정사의 아름다움을 만나 드디어 마음이 바쁘기 시작한다.

20.

식도락도 즐거운 풍광 좋은 축산항

해파랑길 22코스에 있는 영덕 축산항은 천혜의 자연경관으로 천리미항이라 불리는 자그마한 어촌이다. 죽도산 위에 있는 우뚝한 등대는 동해안에서 소문난 전망대다. 대숲 우거진 완만한 오솔길도 운치 있지만, 이곳에서 바라보는 축산항의 풍광은 일품. 야경이 특히 기가 막힌다. 대게의 원조마을이 있고, 물가자미 축제를 매년 여는 등, 풍부한 해산물로 식도락도 즐길 수 있어 동해안 해양 관광지로 떠오르고 있다.

21.

한국의 나폴리, 삼척 장호항

한국의 나폴리라는 삼척 장호항은 해안선이 예쁘고, 기암괴석으로 둘러싸여 경치가 빼어나게 아름답다. 케이블카를 타면 동해의 비경을 감상할 수도 있고, 여름이면 스킨 스쿠버며, 바다 래프팅 등 해양 스포츠도 즐길 수 있는 피서지의 명소. 포구에서 싱싱한 해산물도 구입할 수 있고, 해수욕장과도 연결되어 갖출 것은 다 갖추었지만, 피서철에는 북새통으로 난리를 피우는 것은 각오해야 한다.

22.

통영 앞바다의 낙원, 장사도

거제도 근포항에서 10분이면 갈 수 있는 자그마한 섬 장사도. 10만여 그루의 동백나무와 후박나무들이 숲을 이루는 등 희귀 동식물이 즐비한 천혜의 섬이 동화 같은 섬으로 다시 태어났다. 이웃의 외도가 인공미 위주의 섬이라면, 이곳은 자연을 살린 해상공원인 것이다. 분교장 옛터를 분재원으로 만드는 등 볼거리도 많고, 카페며, 레스토랑이며, 멋도 냈지만, 그중에서도 눈길을 끄는 것은 야외 공연장이다. 다도해의 풍광을 바라보며 음악회도 연다니, 생각만 해도 가슴 뛰는 일이다.

23.

아시아에서 저평가된 여행지, 고군산군도

고려 때부터 있었던 수군기지를 군산으로 옮기면서, 고군산군도가 된 서해의 16개 유인도와 47개의 무인도들. 새만금 방조제로 차를 타고 들어가게 되니, 천혜의 우리 자원이 망가지는 것은 아닌지 걱정스럽다. 대장도 대장봉 전망대에 오르면 푸른 바다와 하얀 백사장이 펼쳐진 해수욕장 등, 수채화 같은 풍경을 한눈에 볼 수 있으니, CNN에서는 아시아에서 가장 저평가된 여행지 중 하나로 소개하기도 했다. 그중에도 선유도는 관광 인프라가 확충된 대표 섬이다.

24.

제주도의 푸른 겨울, 올레길

제주도에 가면, 올레길을 걸어야 한다. 산길, 바닷길, 오솔길을 걸으며 대자연의 경이로움을 느끼기도 하고, 길에서 만난 사람들과 살아온 이야기를 나누며, 삶의 지혜를 배우기도 한다. 놀멍, 쉬멍, 걸으며 유유자적하며, 제주도의 수려한 풍경으로 가슴을 씻고, 삶의 활력을 찾는 것이다. 용머리 해안을 거쳐 산방산 밑으로 휘어이 휘어이 걷는 제10코스. 파도소리 들으며 혼자 걸어도 외롭지 않은 것이 제주도 올레길이다.

25.

명선도의 찬란한 아침바다

밤새워 망망대해에서 외로움과 싸우며, 조각배 하나에 의지해 멸치잡이 하는 어부. 사랑하는 아내와 어린 자식들을 생각하면, 고된 줄도 잊고 행복하다. 이런 지아비를 어루만져주듯, 불끈 솟으며 천지를 비쳐주는 태양. 울주군 진하해변 명선도 앞바다에 가면 몽환적 야경에 이어 물안개 속에 이런 풍경을 만날 수 있다. 은비늘 펄떡이는 그물 속에서 가족의 행복을 그리며, 갈매기 벗 삼아 돌아가는 어부의 아침바다가 찬란하리만큼 아름답다.

26.

장성 편백숲에서 만난 위대한 생애

하늘로 쭉쭉 뻗은 잘생긴 나무들이 빼곡히 들어찬 장성 편백나무숲. 여의도의 4배도 넘는다는 엄청난 숲을 만들어놓고 떠난 임종국(1915~1987) 씨가 우러러보인다. 20여 년 동안 가족과 물지게를 지고 비탈길을 오르내리며, 국내 최대 편백나무숲으로 만들어 놓은 무명의 촌부. 가산만 탕진한다고 조롱했던 마을사람들이 지금은 휴양의 명소가 되어, 생계를 유지하고 있다. 위대한 선각자가 누구인가. 감동 없이 걸을 수 없는 광대한 치유의 숲이었다.

27.

설악산 울산바위의 장엄한 아침

서기로 가득한 설악산의 아침. 울산바위의 설경이 거룩하기까지 하다. 해발 873m에 둘레가 4km, 사방이 절벽인 이 장엄한 바위는 설악산의 위엄을 웅변하는 랜드마크. 하늘로 치솟은 봉우리들의 늠름한 기상이 신비한 기암절벽의 극치를 보여준다. 웅장한 바위산이 흰 옷으로 갈아입은 은빛 설경에 경외감을 느끼며, 세상의 모든 상처도 흰 눈으로 덮어줄 수는 없을까. 부디 마음이 가난한 이들에게 복이 있을지니.

28.

휠체어로도 올라가는 최고의 설경, 발왕산

이런 설경을 어디서 또 볼 수 있을까. 사통팔달로 확 트인 조망에 온통 새하얀 꽃밭이라, 만발한 설화를 보며 벌린 입을 다물 수 없다. 우리나라에서 가장 높다는 해발 1,458m의 전망대라 천하가 모두 발밑. 휠체어를 타고도 케이블카로 오를 수 있으니 모두에게 공평한 풍경이다. 3.2km나 되는 '천년주목숲길'의 데크 로드로 들어서면 설화와 상고대가 감동적일 만큼 아름답다. 단풍도 빼어난 곳으로, 국제적으로도 유명한 용평스키장과 어울려 발왕산은 국민관광지로 사랑받을 만했다.

29.

눈 속에 묻혀 사는 적멸보궁 정암사

태백산 기슭에 수줍은 듯 숨어 있는 신라 옛 절 정암사. 겨우내 눈 속에 묻혀 사는 자그마한 산사지만, 우리나라에 몇 안 되는 적멸보궁이다. 자장율사가 진신사리를 모시고 와 수마노탑을 세우고, 그 아래에 참배하도록 지은 법당이 적멸보궁. 폭설로 절간은 적막강산이지만, 불경소리는 쉼 없이 낭랑하기만 하다. 최근에 수마노탑이 국보로 지정되면서 순례객들의 발길이 더 잦아질 터인데, 이 깊은 산속까지 찾아오는 불자들 가슴은 이미 부처가 되었을 것 같다.

30.

마을 전체가 문화재인 고성 왕곡마을

마을 전체가 국가 민속문화재로 지정된 강원도 고성 왕곡마을. 초가와 나무가 많아 설경이 참 아름답다. 고려말 양근 함씨 함부열이 이성계의 건국에 반대하며 낙향, 그의 손자 함영근이 산속에 숨어 살면서 형성된 마을이다. 아무도 관직에 나가지 않아 양반이 없고, 눈이 많은 지역이라 외부와의 고립을 막으려 앞쪽의 담과 대문이 없는 등 독특한 문화를 형성해온 소박한 마을이지만, 고대광실에 사는 사람을 부러워할까.

31.

아침고요수목원의 환상적인 불빛축제

해마다 겨울이면, 가평 축령산 기슭에는 오색 불빛이 연출하는 환상적인 풍경이 펼쳐지고, 사람들은 이 황홀한 밤을 놓치지 않으려 끊임없이 몰려든다. 12월부터 3월 말까지 계속되는 이 축제는 밤 9시면 문을 닫지만, (주말은 밤 11시까지) 사랑에 빠진 연인들은 밤이 깊어도 떠날 줄을 모른다. 원예학을 전공한 한상경 교수가 온갖 비난을 무릅쓰고 삽자루를 들었던 것이 지금은 춘하추동 인기 있는 수도권의 관광명소가 되었다.

겨울

Winter

32.

출렁다리의 고전, 청양 칠갑산 다리

한국의 알프스라는 청정 산촌 청양 칠갑산 밑에는 그림처럼 예쁜 천장호가 있고, 그 호수를 가로지르는 출렁다리는 청양 10경에 꼽힐 만큼 아름답다. 2009년 207m의 길이로 개통했을 때는 국내 최장은 물론, 동양에서 두 번째 긴 다리라고 TV에 소개되기도 한 우리나라 출렁다리의 고전이라고 할 만한 다리다. 호수 주변엔 둘레길도 있고, 칠갑산 등산로와도 연결돼 산촌 여행의 힐링 코스로 눈여겨볼 만하다.

33.

달밤이 기막히다는 안면도 간월암

가랑잎처럼 떠 있는 바다 가운데서 휘영청 밝은 달빛을 보고 깨달음을 얻은 무학대사가 창건했다는 간월암. 여친이 생기면, 달밤에 꼭 같이 오겠다고, 옆에 있던 청년 장교가 다짐한다. 아무렴! 겨울 바다를 거닐며 흔들리지 않을 여자가 어디 있으며, 하물며 달빛 교교한 간월암에서랴. 득도는 몰라도 사랑에는 골인하겠다. 물이 빠지면 육지와 연결돼 정사 뜰도 거닐어보고, 이곳 특산품인 굴음식으로 식도락도 즐기며 안면도 가는 길에 놓칠 수 없는 그림 같은 암자다.

34.

대진항의 이색 명소, 접경지 해상공원

동해의 최북단, 한적하고 깨끗한 대진항. 문어와 대게잡이가 한창인 이 어항엔 예쁜 해상공원이 눈길을 끌었다. 158m의 Y자형 데크 길 끝에는 예쁜 전망대도 있어 수려한 주변 풍광도 즐길 수 있다. 안쪽에서는 통발을 던져 도루묵을 잡고, 낚시도 할 수 있어, 강태공은 물론 관광객들이 연간 1만 명 넘게 찾아온다는 곳이다. 즐비한 횟집에선 갓 잡은 해산물들이 식도락가들을 설레게 하고, 접경지의 특별한 분위기 속에서 즐길 수 있는 이색 명소였다.

35.

올림픽공원의 인기 명소 '홀로 나무'

세계평화와 우정을 다지는, 160개 참가국의 깃발이 나부끼는 서울올림픽공원. 평화의 문을 비롯하여 백제의 해자, 음악분수, 200여 점의 세계적인 조각품들, 새들도 날개를 접고 다닌다는 아름다운 몽촌토성길 등 수많은 명소들이 있지만, 그중에도 '홀로 나무'가 인기 짱이다. 드넓은 언덕 위에 덩그라니 서 있는 이 나무는 웨딩 촬영이며, 연인들의 셀카 성지로 전국의 사진가들도 찾아오는 곳이다. 수많은 명소들을 제치고 이곳이 가장 인기 있는 이유는 왜일까.

겨울

Winter

36.

부산의 손꼽는 절경, 해동 용궁사

동해의 끝자락에 수상 법당인 듯 자리 잡은 부산의 명찰 해동 용궁사. 나옹대사가 창건한 고려 옛 절이지만 임란 때 소실돼 중창된 사찰로, 동해의 기암괴석에 세워져 뛰어난 절경을 자랑한다. 백팔계단을 지나 정사로 들어가는 용문교 돌다리는 파도 위에 뜬 한 폭의 그림이고, 절 뜰로 내려서면 일망무제한 대해가 무아의 경지에 빠지게 한다. 봄이면, 진입로의 화려한 벚꽃이 상춘객들을 또 매혹하는 부산의 관광지로 손꼽는 곳이다.

37.

겨울의 별미 여행, 등대 탐방하기

모두가 세상의 중심에 서려 할 때, 홀로 땅끝에서 바다를 지키고 있는 등대. 외로운 삶이 애틋해 흔히 글의 소재로 삼더니, 요즘엔 숨은 관광지로 주목받고 있다. 동해안에 찾아온 관광객만 해도 매년 수십만이 된다니, 지자체마다 등대 명소화에 뛰어들 만도 하겠다. 유난히 푸른 바다 빛에 쓸쓸한 맛이 매력인 등대 탐방은 이제 겨울 여행의 별미가 되었다. 잘 단장된 동해안 끝자락 초도항의 등대를 바라보며, 나는 등대가 될 만한 삶을 살았던가, 외로운 사념에 빠진다.

38.

빙폭타기 훈련장이 된 춘천 구곡폭포

아찔하다. 꽁꽁 언 폭포에 로프를 던지고, 홀로 빙벽을 타는 모습이 전율을 느끼게 한다. 고개를 들기도 힘든 수직의 벽을 스파이더 맨처럼 가뿐히 오르는데, 알고 보니 앳된 아가씨라 더 놀랍다. 낙차 50m나 되는 만만치 않은 빙벽이라 겨울철이면 산악인들의 훈련장이 된다. 한때는 대학생들의 MT 장소로 유명했던 곳으로, 기암괴석과 숲이 우거지고, 가을 단풍을 배경으로 한 폭포가 아름다워, 춘천 8경으로 꼽히기도 하는 구곡폭포다.

39.

남성미의 화신, 완주 대둔산

해발 878m에 불과한 높지 않은 산이지만 기암괴석이 산재하고 숲이 우거져 장엄하기 이를 데 없는 남성적인 산. 한국의 8경으로 꼽혔던 중에도 대둔산은 설경이 으뜸이다. 케이블카로 오르기는 쉬워도 바위산인 데다 가파르고, 미끄러워, 안전시설은 완벽하지만, 여간 조심스럽지 않다. 근육질의 돌산이면서 가을철이면 단풍산을 이루는 것도 신기하기만 하고, 유황온천까지 곁들여 인기 있는 여행지가 되었다.

40.

불자들의 성지, 강화 보문사

죽기 전에 한 번은 꼭 가보아야 한다는 불자들의 성지, 강화 보문사. 우리나라 3대 관음성지로 꼽히는 이 절에선 낙가산 눈썹 바위의 관음상이 필수 탐방 코스다. 서해가 확 트인 높은 곳에서 기도하면, 이루지 못할 소원이 없다지만, 가슴이 뻥 뚫리는 조망을 위해서도 놓치면 서운한 곳이다. 300여 스님들의 음식을 만들었다는 멧돌이며, 진신사리탑을 감싸고 있는 백옥의 나한들. 600년 된 향나무를 비롯한 노거수들이 이 도량의 풍치를 더 돋워 준다.

41.

오대산에 숨은 법정 스님의 오두막집

무릎까지 빠지는 적설을 헤치며 찾아간 법정 스님의 오대산 오두막집. 쯔대기골이라는 산속에 있는 이 오두막은 화전민이 살던 집을 다듬은 외딴 산막이었다. 산짐승이나 다닐 이 깊은 산속에서 어떻게 홀로 18년간 수행하셨을까. 스님이 심으셨다는 전나무의 긴 도열 끝에 만난 산방에 스님의 체취를 맡기라도 하려는 듯 코를 대보기도 하고, 그 옆으로 손수 지으셨다는 달팽이형 해우소가 애틋해 눈길이 떠나지 않는다.

42.

개암사 눈꽃에 빠져 매창을 그리다

눈이 쏟아진다는 소식에 차를 돌려 들어서자, 하늘이 활짝 열린다. 히야! 이런 순결한 설경을 언제 또 만날 수 있을까. 황진이와 쌍벽을 이루는 부안의 기녀 시인 매창이 의병으로 떠난 님, 유희경(1545~1636)을 그리며 실의를 달랬다는 부안 개암사. 그의 넋이 환생한 것인가, 절 안의 온 뜰이 희디흰 눈꽃이다. 매창 사후에 그의 시를 모아 목판본으로 출판도 한 특별한 인연을 가진 절이기도 하다.

43.

새로운 명소로 떠오르는 추암해변

추암역 앞에 있는 추암 촛대바위는 기암괴석들과 푸른 바다가 어우러진 환상적인 동해의 명승지다. 촛대바위를 비롯해 군집한 기암들이 몰려오는 파도에 부딪치는 모습은 그야말로 장관. 해안 산책로를 따라간 출렁다리 전망대에서 바라보는 풍광은 어찌하여 이곳이 동해의 제1경이 되었는지 한눈으로 보여준다. 2019년 출렁다리가 개통하기 전의 이곳 풍경은 무효. 수심이 얕은 아담한 해수욕장이며, 캠핑장도 있어 가족 피서지로 인기다.

44.

동해의 비경, 해신당의 아침 바다

풍랑으로 빠져 죽은 처녀의 원혼을 달래기 위해, 남근을 달아놓고 풍어를 기원하는 삼척 해신당. 빼곡한 해송 사이로 보이는 푸른 동해 바다가 혼자 보기 아까울 지경이다. 남근 조각 경연대회를 열어 제작한 국내외 조각가들의 작품 65점이 전시된 남근공원의 색다른 볼거리에 모두들 박장대소한다. 해신당 밑 데크 길을 따라 내려가면, 뜻밖에 아름다운 바다가 숨어 있으니, 즐비한 기암괴석에 파도가 부딪치는 장관을 코앞에서 볼 수 있어 사진가들의 표적이 되는 것이다.

45.

그림엽서처럼 예쁜 서귀포 항구

제주도의 고깃배를 형상화했다는 새섬과 이어주는 새연교. 서귀포의 명물이라는 흰 다리도 일품이지만, 그 위에서 바라보는 서귀포항이 한 폭의 그림엽서다. 푸른 숲이 병풍 친 쪽빛 바다에 정연하게 정박해 있는 고깃배들이며, 백색 톤의 건물들과 어우러진 정갈한 이미지가 현대적인 멋을 물씬 풍긴다. 그 뒤로 언뜻언뜻 보이는 한라산. 국제적인 관광항에 기대되는 미항으로, 유명한 천지연 폭포도 이웃에 있어 금상첨화다.

46.

힐링의 예술 정원, 하슬라 아트월드

강릉에서 해안도로를 따라 정동진 쪽으로 달리면, 풍광 좋은 절벽에 알록달록한 건물이 보인다. 부부 조각가 최옥영, 박신정 씨가 개관한 하슬라 아트월드란 복합 예술공간으로 장르를 초월한 작품들이 놀라울 지경이고, 곳곳의 포토존에선 인생샷 건지기도 좋다. 멋진 카페도, 레스토랑도 있고, 예술품 같은 호텔도 있어, 못 잊을 추억의 밤을 보낼 수도 있다. 바다를 마주 보는 3만여 평의 야외 조각공원에선 대지예술의 걸작에 또 탄성이 나온다.

47.

광주의 자부심, 무등산 눈꽃 산행

광주 시내 어디에서도 보이는 단아하고 온화한 산. 해발 1187m의 눈길 산행이 만만치 않았지만, 설경에 취해 다른 생각은 할 경황이 없었다. 세계에서 가장 큰 주상절리라는 서석대와 입석대에 눈꽃이 핀 비경을 어떻게 설명해야 할까. 이 아름다운 풍경 앞에서 한 많은 옛 광주인들을 생각하며 설움에 겨워 울고 간 사람은 없었을까. 석양에 비치는 서석대가 수정처럼 빛난다는 빛고을 광주. 무등산은 이 고장 사람들의 삶이 녹은 광주의 자부심이라 할 만했다.

겨울

Winter

48.

해변의 명화, 죽성 드림성당

해안도로에서 바다 안으로 삐쭉 들어간 갯바위에 꿈결처럼 얹혀 있는 자그마한 성당. 빨간 지붕과 흰 벽이 푸른 하늘과 망망한 바다, 등대와 어우러진 풍광이 한 폭의 명화를 연상시킨다. 일출과 일몰뿐 아니라, 야경도 아름다운 전천후 사진 포인트로 한때는 연인들의 셀카사진 성지가 되었다는 곳이다. 드라마 세트장으로 지었지만, 정작 드라마는 성공하지 못하고, 여행객들만 몰려들어 리모델링한 것이 명품 관광지가 된 부산 기장읍의 죽성드림 성당모형이다.

49.

일출의 명소, 오랑대의 여명

용왕을 모시는 독특한 건물인 오랑대와, 바위에 부딪치는 파도가 절경을 이룬다는 부산 기장의 바닷가. 이른 새벽부터 부딪치는 파도 소리가 기대했던 대로 만만치 않다. 드디어 여명과 함께 나타나는 망망한 바다. 진홍빛으로 바다가 타오르는가 싶더니, 처녀의 달거리 같은 연분홍빛이 이내 바다를 덮는다. 구름에 가려 일출은 실패했지만, 부서지는 파도와 어우러지는 갈매기 울음소리를 들으며, 신비한 아름다움에 그만 넋을 잃는다.

50.

기암괴석이 신비한 명승, 울산 대왕암

해금강 다음으로 동해안에서 풍광이 가장 뛰어나다는 울산 대왕암. 수령 백 년이 넘는 15,000여 그루의 해송이 꽉 찬 솔밭을 배경으로 푸른 바다에 떠 있는 거대한 기암괴석들이 한눈에도 장관이다. 문무대왕비가 동해의 호국용이 되겠다고 잠겨버렸다는 붉은 기운의 바위. 하늘로 치솟는 용의 모습이라 더 신기하다. 그 옆에는 해녀들이 잡은 청정해산물을 맛볼 수 있는 노점상들이 유혹하고, 출렁다리를 건너 계단을 내려가면 일산해수욕장이 그림처럼 펼쳐진다.

51.

한탄강의 비경, 순담계곡과 직탕폭포

천혜의 비경을 간직한 철원 한탄강. 부교를 이어 길을 낸 한탄강의 물윗길은 색다른 겨울 정취를 안겨주었다. 이 강의 명소 순담계곡의 은빛 풍경도 매력적이었지만, 샹드리제를 만드는 빙폭이 이색적이던 송대소와 은하수교도 놓칠 수 없는 볼거리다. 한국의 나이아가라라고 불리는 직탕폭포는 이 강에서나 볼 수 있는 희귀한 비경으로, 폭 80m, 낙차 3m에서 쏟아지는 굉음과 함께 여름철이 더 장관이다. 쏘가리가 잘 잡힌다고 소문이나, 낚시꾼들의 발길도 끊이지 않는다.

겨울

Winter

52.

고성 옵바위의 장엄한 일출

겨울철 일출의 명소, 강원도 고성 공현진 포구에 있는 옵바위. 파도까지 곁들이면 뜻밖의 명작도 얻을 수 있다며, 사진가들이 밤새워 달려가는 동해 해변이다. 어둠이 걷히는가 했더니, 드디어 불끈 솟는 동그란 태양. 천지가 생동하고, 갈매기도 놀란다. 칼바람에 볼이 얼얼하지만, 이 감격을 어떻게 표현할까. 붉은 하늘을 누비는 갈매기들의 현란한 군무와 어우러지며, 바다에는 대서사시가 펼쳐지기 시작한다.

53.

고산의 풍류로 보물섬이 된 보길도

고산 윤선도가 병자호란을 피해 갔다가, 13년 동안 여생을 보냈던 보길도. 수많은 노비를 거느리며, 세연정, 동천석실 등 20여 개나 정자를 짓고 풍류를 즐기는가 하면, 백마를 타고 다니는 호사스러운 생활로 후세인의 비판을 면치 못하나, 아이러니하게도 이 섬은 그의 족적으로 보물섬이 되었다. 봉림대군과 인평대군의 사부까지 지낸 권세가였지만, 성정이 강직해 16년간 유배생활을 하는 등, 격정의 삶을 보냈던 윤선도. 그의 시가처럼 아름다운 예송리 포구를 바라보며 착잡한 상념에 젖는다.

겨울

Winter

54.

득량만의 불타는 여명

이청준의 동명 소설을 영화화한 '축제' 촬영지였던 남녘 끝, 장흥 소등섬의 일출은 유명세 값을 하는가 싶어 긴장했다. 진한 잉크색으로 하늘을 가르고, 몇 줄기 진홍빛이 뻗치는가 했더니, 갑자기 구름 속으로 사라지는 태양. 허망하다. 그러나 하늘과 바다를 붉게 물들이며 타오르던 득량만의 여명은 일출 못지않은 감동을 주었으니…. 청정 해역의 석화구이를 즐기며 남도의 서정에 젖었던 남포마을이라는 자그마한 포구였다.

55.

대숲에 눈이 내리면… 죽녹원의 비경

눈보라 칠 때마다 댓잎이 부딪치며 사각거리는 청량한 소리. 순백의 꽃밭 위로 쭉쭉 뻗은 대숲 사이로 난 오솔길이 운치 만점이다. 대나무골 담양을 표상하는 이 테마공원은 11만여 평이나 될 만큼 규모가 광대하고, 그 사이사이로 난 2.4km의 산책길은 피톤치드와 음이온을 뿜어내는 힐링의 길이기도 하다. 8가지 주제의 길이 저마다 특색이 있지만, 담양의 누각들을 재현해 놓은 시가 문화촌은 또 다른 아름다움이 있다. 대나무 품목으로는 유일하게 유엔의 세계중요농업유산으로 등재되면서, 죽녹원은 이제 담양 여행의 필수 코스가 되었다.

56.

초록빛 해변이 빛나는 시루섬의 일출

경상도 고성 해변의 시루섬이 일출의 명소로 새롭게 뜨고 있다. 간조 때가 되어 바닷물이 빠지면, 바위며 몽돌들에 파래가 감겨 황금빛 햇살로 반짝이는 초록빛 해변이 환상적인 풍경을 연출하는 것. 때묻지 않은 자연 그대로의 신비로움이라 더 매력적이다. 4월 말까지는 이런 풍경을 볼 수 있다니, 밤하늘 은하수를 촬영하기도 좋고, 공룡 서식지로 유명한 상족암도 이웃에 있어 사진가들을 설레게 하고 있다.

57.

자연과 세월이 합작한 풍광, 고성 화진포

울창한 소나무가 둘러싼 푸른 바다와 하얀 모래밭이 어우러진 화진포는 자연과 세월의 합작으로 이루어진 아름다운 호수다. 바닷가 절벽에 세운 '화진포의 성'은 이곳에서도 가장 인기 있는 관광지. 탁 트인 전망도 좋지만, 일제 때 선교사들이 살던 돌집을 김일성이 별장으로 이용하여 호기심을 돋우는 것이다. 이승만 전 대통령도 이곳에 별장을 지어 아이러니하게도 남북 수장들의 별장촌이 된 화진포. 굴곡 많은 역사를 돌이켜보며, 무심한 호수만 하릴없이 바라본다.

58.

부산의 허브, 영도 태종대

울창한 숲과 해식 절벽, 푸른 바다가 어우러진 태종대는 조깅을 하는 건각들로 새벽잠을 깨는 부산의 허브였다. 4.3km나 되는 순환도로 주변엔 전망대도, 유람선 선착장도 있고, 영도등대가 있는 맨 뒤쪽이 이 섬의 비경지대. 국가지질공원으로 지정된 특이한 형태의 기암괴석들과 함께 파도가 부서지는 망망한 바다의 장쾌한 풍광도 즐길 수 있는 곳이었다. 신선이 놀았다고 신선대라 불렀다는 널찍한 태종대, 남편을 기다리다 돌이 되었다는 망부석 등이 줄을 잇는다.

59.

눈의 도시, 속초 세레나데

산이 있고, 바다가 있고, 온천이 있고, 호수가 있는 도시 속초. 초원은 얼마나 시원하고, 계곡은 또 얼마나 우람한가. 산채도 해산물도 풍부하니, 일상이 식도락이다. 문밖만 나가면 필드라 골퍼들의 천국이요, 강태공들에겐 도처가 바다 낚시터, 산악인들과 사진가들에겐 설악산만으로도 최상이니 설경이 기가 막힌다. 차를 몰고 나가면, 달리는 곳이 환상의 드라이브 코스. 낙산사며, 화진포며 명소들이 줄을 잇고…. 청초호의 요트놀이는 얼마나 낭만적인가. 피란민들이 만든 도시라 텃세도 없으니 더더욱 따봉이다.

60.

남도 여인들의 땀에 젖은 와온해변의 갯벌

순천만 동쪽 끝머리 와온해변 갯벌은 남도 여인들의 땀이 밴 삶의 터전이다. 짱뚱어, 맛조개 등이 서식하는 이곳은 우리나라 최대의 꼬막 산지다. 썰물로 드넓은 갯벌이 드러나면, 아낙네들은 뻘배(꼬막을 잡을 때 사용하는 널)를 타고 진흙 속으로 달려가는 것이다. 갯벌 속 작업이 얼마나 고달프랴만, 그곳엔 자식들을 뒷바라지하는 꿈이 있다. 주변엔 펜션도 카페도 있어 조용히 휴식하기도 좋은 아름다운 해변이었다.

61.

최고를 지향한다는 소금산 그랜드 벨리

여름철 피서지로 유명하던 원주시 간현관광지가 소금산 그랜드 벨리라는 새 이름처럼 웅대한 프리미엄 관광지로 변하고 있다. 수려한 섬강과 삼산천이 합수되는 이곳은 넓은 백사장과 기암준봉이 어우러져 천혜의 절경을 자랑한다. 이 협곡에 출렁다리와 절벽을 따라 잔도를 만들고, 가슴까지 울렁이게 한다는 울렁다리도 만들어, 전 국민을 어지럼증 환자로 만들 태세. 케이블카며, 음악분수 등 각종 시설을 확충해 국내 최고의 관광지로 만들겠다는 야심에 차 있지만, 상처받는 내 국토는 어찌하나.

거울

Winter

62.

힐링의 거창, 우두산 출렁다리의 비경

경쟁하듯 세운 출렁다리가 전국에 200개가 넘는다니 신선도가 떨어졌지만, 거창의 Y형 출렁다리는 차원이 다르다. 해발 1,046m의 우두산 협곡에 설치한 다리 위에서 바라보는 사통팔달의 풍광은 비경 일색. 천 길 발밑으로 쏟아지는 긴 물줄기의 견암폭포 모습도 신비롭다. 숲 치유를 위한 항노화 힐링랜드와 어우러진 데다, 벚꽃공원이 아름다운 명승 수승대도 이웃에 있고, 질 좋은 온천수도 있다는 고장이니, 힐링 여행지로 기대할 만하다.

63.

고구려 옛 절, 전등사 목공의 해학

남녘에선 보기 드문 고구려 옛 절로 우리나라에서 가장 오래되었다는 강화 전등사. 대웅전의 화려한 닫집이 유명하지만, 전각의 처마를 받치고 있는 네 귀퉁이의 나부상이 감상 포인트다. 공사를 하던 목수의 돈을 가지고 다른 사내와 눈이 맞아 달아난 주모를 벌주려고, 벌거벗겨 추녀를 받치게 했다는 해학에 무릎을 치는 것이다. 청단풍을 비롯해 노목들이 기품을 더하고, 뱃길도 험했을 이 오지에 영조대왕이 납시어 편액을 하사했다니, 그 당시 이 절의 자부심이 어떠했을까.

겨울

Winter

64.

동백꽃이 유혹하는 제주도의 겨울

제주도의 겨울색은 화려하다. 푸른 바닷가에 노란 유채꽃이 만발하고, 주황색 감귤과 붉은 동백꽃 위에 흰 눈이 쏟아지면, 겨울은 무지갯빛이 된다. 곳곳에 있는 동백나무 군락지는 제주도의 겨울을 유혹하는 또 다른 트렌드, 서귀포 위미리에 있는 동백 수목원의 애기동백은 그중에도 화사한 꽃으로 유명하다. 둥그런 수형도 아름답지만, 절정의 순간에 목을 꺾고 후두둑 떨어지는 진분홍의 꽃잎. 그 애련한 모습이 포토 스팟이 되어 제주도의 새로운 겨울명소로 손짓하고 있다.

65.

최고의 선경이라는 절, 제천 정방사

비단폭에 수놓은 듯 아름답다고, 퇴계 선생이 이름 붙였다는 금수산. 제비집처럼 절벽에 바짝 붙은 절이 보기에도 참 희한하다. 중생의 접근이 어림도 없는 깊은 산속에, 어쩌자고 의상대사는 이런 곳에 절을 세웠을까. 전망이 어찌나 아름다운지, 청풍호를 비롯해 최고의 선경에 자리잡았다는 말이 허튼 말이 아니다. 가을이면 온통 단풍으로 포위된다는 앙증맞게 예쁜 절. 천년 전에는 길이나 있었을까. 2km의 산길을 꾸역꾸역 오르자니, 옛 님들 구도의 길은 도무지 가늠할 수가 없다.

66.

서라벌의 야경 명소, 동궁과 월정교

궁 안에 연못을 파고 산을 만든 서라벌의 원지, 동궁. 왕자가 살던 신라 별궁으로 흔히 안압지라 알려진 곳이다. 신라의 마지막 임금 경순왕이 고려 태조 왕건에게 잔치를 베풀고 나라를 바친 슬픈 역사가 깃들어, '신라의 달밤'이 아름답게 보이지만 않는다. 1200년 전의 신라 교량을 복원한 교동의 월정교는 동궁과 함께 쌍벽을 이루는 서라벌의 야경 명소. 교각과 양쪽 문루의 장엄한 모습이 눈길을 끌지만, 고증을 거쳤더라도 추측에 의해 세운 것이라니 아쉽다.

67.

신비한 도심의 테마파크, 광명동굴

일제 시절의 폐광지가 관광명소로 변신해 매년 100만명 이상의 관광객이 찾아온다는 광명동굴 테마파크가 화제다. 총 길이 7.8.km의 동굴 2km 구간에 전시장, 음악회 등을 여는 공연장을 만들고, 암반수를 이용한 아쿠아월드, 근대 역사관도 있어 가족 나들이처로도 좋다. 동굴 암벽을 활용한 쇼는 탄성이 터질 정도로 환상적이다. 평균 12도의 쾌적한 기온에 볼거리도 많아 외국에서 벤치마킹을 할 정도로 인기가 있다.

68.

경탄! 한국의 비경, 철새들의 군무

석양이 짙어지자 수십만 가창오리떼가 일제히 비상하는 장엄한 풍광. 붉은 하늘로 포물선을 그리며 춤추는 이 장관을 어떻게 표현해야 할까. 영하의 날씨에 몸은 얼고 지쳤어도 감동에 젖어 울음을 터뜨리는 여인도 있다. 시베리아에 분포돼 서식하다가 따뜻한 이 나라를 찾아와 겨울을 보내고 봄이면 다시 돌아가는 철새들의 이 장대한 여정을 인간은 감히 상상이나 할 수 있나. 밤이면 먹이를 찾아 비상하는 이 진귀한 군무는 군산의 금강 하굿둑을 비롯, 몇 군데 한국에서만 볼 수 있는 비경이라며 CNN에서 극찬하기도 했다. 몇 년이나 허탕을 치다가 드디어 오늘 대박이 터졌다.

69.

천혜의 풍광을 가진 명찰, 양양 낙산사

불국사 다음으로 방문객이 많다는 동해안의 천년 고찰 낙산사. 2005년 큰 산불로 전소되었지만, 말끔히 복원되어 반갑다. 천혜의 풍광과 숱한 성보문화재뿐 아니라, 거대한 해수관음상을 비롯한 의상대며 홍련암, 넓은 경내 곳곳에 핀 설화들로 겨울 풍광도 장관이었다. 산불로 훼손된 것을 다시 조성한 해송숲은 굴하지 않는 기상을 보여주는 듯, 눈보라와 맞서 의상대를 보호하는 장한 모습이 감동적이다.

겨울

Winter

70.

통도사 홍매화에 겨울이 쫓겨 가네

홍매화 꽃소식이 그렇게 반가웠던가. 풍광이 아름답기로도 유명하지만, 진신사리를 모신 금강계단에서 수계를 받아야 중이 될 수 있다고 통도사가 되었다는 양산의 신라 거찰. 380년 전, 창건주 자장율사를 추모해 심었다는 홍매화 노목에 꽃이 피면, 봄의 전령이라고 뉴스에도 나오고, 방방곡곡에서 사진가들은 밤새워 달려온다. 백설의 신비를 그렇게 찬탄하더니, 홍매화 꽃송이에 쫓겨 가는 겨울. 저 또한, 밀려날 날이 머지않을 텐데, 떠날 때를 아는 것 또한 아름답지 않은가.

부록

잊히지 않는 여행지들

여행을 하다보면 뜻밖의 장소를 만나 깊은 감회에 빠지는 수가 있다. 아, 여기였구나! 하고 속으로 그리워하던 곳임을 깨닫고 발길을 떼지 못하거나, 혼자만 알고 있기엔 가슴이 벅차 세상에 떠들고 싶은 충동을 느낄 때가 있는 것이다.

단풍이 무르녹던 어느 가을. 지리산 화엄사를 여행할 때였다. 단풍은 연기암이 최고라며 동행인이 묻지도 않고 앞장선다. 연기암이라면 바로 그 비구니 스님이 강천사에서 옮겨와 계시던 곳이 아닌가. 갑자기 가슴이 설레며 추억에 빠져드는데, 언제 걸어도 이 길은 아름답다고, 동행인은 중얼거린다. 구층암을 거쳐 30분쯤 오르는 오솔길은 그의 말처럼 꽤 운치 있었다. 어느 해인가 겨울, 집사람과 방문한 일이 있었지만, 이런 비경의 길이 있는 줄도, 단풍으로 유명한 곳인 줄도 그땐 몰랐다. 자그마한 정사 하나만 기억되는데, 우람한 건물이 위압하듯 버티고 있어 낯이 설고, 눈발 속에 서서 합장하고 전송해주시던 모습이 아련히 떠오른다. 즉석에서 먹을 갈아 난을 쳐주시던, 사과향 나던 승방. 그곳은 이제 종무소로 변해 있었고, 그 승방 모서리를 돌아서자 빨간 단풍이 우르르 쏟아진다. 감성 풍부한 비구니 시인이신데, 어쩌자고 이렇게 아름다운 곳에서 수행하셨단 말인가. 광화문 정부종합청사 16층에 앉아 한풍 휘몰아치는 백설에 묻힌 지리산의 암자를 상상하며, 애틋한 편지를 쓰던 일이 엊그제 같아 깊은 감회에 빠졌다.

법정 스님이 방문객들을 피해 불일암을 떠나 숨어 수행하신 오대산 오두막집은 감동 없이 볼 수 없었다. 폭설로 온 세상이 뒤덮이던 날, 이런 날은 갈 곳이 있다며 차머리를 돌리더니, 오대산 오두막집을 찾아간다는 것이다. 이것이 우리 동호회의 멋이라며 일행들은 모두 박수로 환호성. 옛날에 한 번 가본 일이 있다지만, 이곳을 관리한다는 월정사나 길상사에 물어도 가르쳐 주지않고, 행자를 지낸 스님도 길을 못 찾겠더라는 그 험한 산속을 어떻게 이 폭설 속에 찾아간다는 말인가. 푹푹 빠지는 눈 속을 헤치며 곤두박질치기도 몇 차례, 허탕도 치면서 우리의 리더는 기어코 쯔대기골에 있는 그 집을 찾아냈다. 그 반가움이라니… 언 손등으로 이마의 땀을 닦으면서 그렇게 기분 좋을 수가 없었다. 이따금 바람 소리만 들리는 적막한 산속. 산짐승이나 다닐 이 깊은 산속에서 스님은 도대체 18년을 어떻게 홀로 생활하셨단 말인가. 그 집은 화전민이 살던 농가를 다듬은 것으로 스님이 손수 지으셨다는 달팽이형 해우소가 특히 눈길을 끌었다. 중이 아니었으면 목수가 되었을 것이라고 말씀하셨다더니, 문외한이 보기에는 훌륭한 솜씨다. 너럭바위가 한 쪽에서 또 눈길을 끌었는데, 죽으면 여기서 다비를 해달라고 말씀하셨다는 것이다. 입구엔 손수 심으셨다는 전나무와 자작나무들이 이제 성목이 되어 두 줄로 늘어서 있었으니, 스님은 무슨 생각을 하며 이 나무들을 심으셨을까. 먼 훗날 이곳은 아마도 성지가 될 것 같아, 한동안 눈을 뗄 수가 없었다. 겨울엔 추위로 평창군 간평리에 일월암이란 자그마한 정사를 마련하고 용맹정진하시는 모습이 안쓰러워 어느 건축가가 그 옆에 한 칸 방의 건물을 지어드렸으나, 손님만 사용케 하시더라는 것이다. 당신이 만든 길상사에서도 입적하시기 전 단 하루 사용하셨다니 수도자의 삶은 이런 것인가. 더구나 당신 앞으로는 아무것도 등기해 놓지 않아, 모두 남의 것이 되었다니, 미욱한 중생으로서는 도무지 이해할 수가 없다.

부처님 오신 날을 맞아 지리산 암자의 연등행사를 순례한다고 떠난 여행길이었다. 함양군 마천면으로 칠선계곡을 지나 만난 서암정사는 이렇게 예쁜 절도 있구나 감탄했는데, 그 이웃에 있는 벽송사에 와서 큰 충격을 받고 말았다. 6·25 때 인민군의 야전병원이었다는 이 절 일대에서는 빨치산과 국군의 전투가 어찌나 치열했던지 7,300여 명이나 희생되었다는 것이다. 형제 간에 도란도

란 정담이나 나눌 아름다운 산천인데, 어찌하여 이런 불행이 있었단 말인가. 남부군 이현상 부대가 섬멸되고, 그가 사살된 곳도 이 근처였다니 선방의 문고리만 잡아도 성불한다는 우리나라 최고의 선불교 종가에서 피비린내가 어인 일인가. 당시 인민군 1사단 참모장을 지낸 최모씨(92)와 지리산 토벌대 작전 참모 문모씨(86) 등 다섯 분의 노인들이 2016년 이곳에서 만나 감회에 빠졌었으나 끝내 화해하지는 못했다니 안타까운 일이다.(국제신문 2017.9.5. 참조) 곳곳이 피로 얼룩진 한 많은 강산, 아직도 그 대결이 끝나지 않았으니, 분하고 원통한 이 마음을 어찌한단 말인가. 천근만근 발길이 무겁다.

함양군 개평마을에 있는 성종 때 충의와 절개의 문신 일두 정여창(1450~1504) 선생의 고택을 빼놓을 수 없다. 그 집은 조선시대 사대부의 생활을 엿볼 수 있는 귀한 고택이었다. '좌 안동, 우 함양'이라는 말이 있듯이 함양을 영남 지방의 대표적 양반골로 만든 이가 바로 정여창 선생이다. 긴 황토 돌담을 지나 만난 일두 고택의 솟을대문엔 다섯 분의 충신과 효자를 배출했다는 편액이 위엄을 보이고, 아무 치장 없는 정갈한 기품이 집 전체를 감싸고 있었다. 넓은 마당 한 구석엔 전나무 한 그루가 우뚝 서 기개를 보여주고, 높직한 댓돌 위에 세운 사

랑채 누마루 밑 창고엔 큼직한 바위의 남성 성기가 방을 향해 치솟아 있었는데, 종족 번성을 위한 다산의 기원이라는 것. 툇마루 끝 으슥한 곳엔 큰 구유통을 배치해 술자리 손님이 호기를 갖고 그대로 서서 볼일을 보게 했다니, 양반의 체통이 이런 것이던가. 손님이 취하면 쉬고 가시도록 누마루 밑 석가산 뒤에 안사랑채도 마련해 놓았으니, 오늘날 고관대작도 따르지 못할 품격과 호방함에 놀라지 않을 수 없었다.

370년 된 회화나무가 지키고 있는 영덕군 축산면 도곡리, 임란의 공신 무안 박씨 무의공파 종가집에서 목격한 일도 잊을 수 없다. 민속문화재로 지정된 집답게 안채로 들어가자, 뽀얗게 먼지 앉은 옹기 호리병들이 마루

의 선반에서 눈길을 끌었다. 할머니가 시집올 때 이바지로 가지고 온 술병이라는데 옹기의 주둥이가 모두 깨져 있는 것이 기이했더니, 며느리는 주둥이를 조심해야 한다고 시어머니가 자기를 앉혀 놓고 모두 쪼아 올려놓더라는 것이다. 시집살이 된 줄은 알았지만, 고이 자란 규수가 얼마나 놀랐을까. 불과 한 세대 전인데, 남존여비 사상이 심했던 지난 세월을 되돌아보며 또 감회에 빠지지 않을 수 없었다.

낙동강 700리에서 마지막 남은 예천군 삼강리 나루터 삼강주막을 언급하지 않을 수 없다. 나루를 왕래하는 보부상과 과객들의 쉼터로 숙식도 하며 애환을 나누었던 이 자그마한 집이 경북 문화재로 등록되어 보존되고 있는 것이다. 이끼가 창연한 500년 수령의 느티나무 거목을 뜰로 삼은 이 주막은 글자를 모르던 주모 할머니의 외상장부가 특히 화제였다. 부엌의 다른 벽면에 보부상과 나룻배 사람들을 구분해 칼끝으로 금을 그어 술 주전자 수를 표시해 놓은 그 기발한 지혜에 모두들 혀를 내두른다. 이 얼마나 기막힌 방법인가. 세상 어디에도 없을 귀한 우리 삶의 모습에 놀라지 않을 수 없는 것이다. 시멘트 다리가 생기면서 주모도 나룻배도 이제는 떠나 폐쇄되었지만, 이 초가를 중심으로 삼강문화단지란 주막거리가 생겨, 가을이면 예천군에서 나루터 축제도 여는 등 옛 정취 속에서 막걸리 잔을 기울이는 명소가 된 것이다.

여행을 하다 보면 흔히 맛집을 찾게 된다. 수많은 맛집을 다녀보았지만, 강진 시장 골목에 있는 할머니 보리밥집이 잊히지 않는다. 젊어 혼자 되었다는 할머니는 먹고 살기 힘들어 평생 건설 현장의 함바집을 전전하며 익힌 솜씨로 고향에 돌아와 간판도 없이 보리밥집을 개업했다고 한다. 그 집이 맛집으로 소문나 찾는 사람들의 문의가 쇄도하자, 군청에서는 아예 '순심이네'라고 큼직한 간판을 달아주었다는 것이다. 할머니 이름이 순심이인 줄 알았더니, 단골손님의 첫사랑 이름이라나. 그분이 부탁했다는 것이다. 공무원 퇴근시간에 맞춰 자기도 퇴근한다며 딱 점심시간만 문을 여는 것도 걸작이다. 예약 없으면 못 갈 정도로 좁은 식당이 늘 만원이지만, 먹고 살 만큼만 벌면 되지, 더는 장사를 않는다고 요지부동이다. 강진 시장에 나오는 온갖 나물류의 반찬이 상다리가 휘도록 나오고, 손수 담그신 장류도 구입할 수 있는 촌티 물씬 풍기는 할머니집. 모든 일을 혼자 감당해 음식은 좀 더디게 나오지만, 우리는 예약한 점심을 취소하고 그곳에서 한 번 더 먹고 왔다.

빨간 감 하나를 나무 꼭대기에 까치밥으로 남겨 놓고, 온종일 일한 소가 안쓰러워 빈 달구지 옆에 볏단을 지고 돌아가는 농부의 모습은 세상 어디에서도 볼 수 없는 아름다운 정경이라고 펄벅이 감탄했다는 나라. 들에서 음식을 먹을 땐 고수레! 부르며 미물들에게 먹이를 던져주고, 임란 때 원군을 보낸 명나라 황제를 못 잊어 만동묘를 세우고 추모한 나라. 수많은 외침으로 불바다가 되면서도 꿋꿋이 더 푸르게 푸르게 일으켜 세운 땀에 젖은 강토가 아니던가. '장성 편백숲'이나 '천리포 수목원'은 눈물이 나서 언급할 수가 없다. 이런 수난 속에서도 곳곳에 씨족사회를 형성하며 이룩한 독특한 문화가 우리의 전통으로 승화되는 모습은 감동 없이 볼 수 없었으니, 만 권의 책을 읽기보다 만 리의 여행을 하라는 말이 그래서 나왔는가. 한류로 퍼져나가는, 아, 자랑스러운 나라. 우리 삶이 녹은 정다운 산천이 그리워 바람처럼 표표히 나는 또 떠났던 것이다.

산사의 어느 비구니 스님과 나눈 편지

부록2. 산사의 어느 비구니 스님과 나눈 편지

교육부 장학관 시절이었다 1990년 5월 장학지도 팀을 이끌고 호남지방에 일주일간 출장을 나갔을 때였다 도시로, 농촌으로, 어촌으로, 매일처럼 바뀌는 환경과 새로운 사람들을 만나면서 어찌나 피곤하던지 어느 산속 계곡을 찾아 잠시 휴식을 취하려던 것이 산의 정적을 깬 탓이었던가

그곳 산사의 주지이신 비구니 스님이 나오셨다 중앙정부의 고관이라고 안내하던 道 장학관이 뻥뻥대는 바람에 승방에까지 인도되어 차 한 잔을 대접받으며 듣던 설법이 인상적이어 진지한 마음으로 몇마디 대화를 나눈 것이 인연이었던가

얼마 후 내 책상엔 그 스님으로부터 불탑의 法事에 참석할 수 없느냐는 안내장과 함께 편지 한 통이 배달되었다

함박같은 友情을 剛泉에 피워내는 불도화 곁에 있으면
수많은 하이얀 나비가 보입니다.
안녕하셨는지…
벌써 솔들은 흔들이 아닐 七月로 달리고 초록을 가득한
눈끝바라면 고운 꿈들이 자랍니다.
이 푸르른 하늘, 이 맑은 새소리, 물소리의
조화를 동봉합니다.
그리고, 작은 기도를 합니다.
건강하세요.

꿈결같이 흐르는 강천수를 지키는 山人 合掌

그래서 시작된 文通. 알고보니 그는 일엽 스님 이후 신춘에 당선된 첫 비구니 시인이었다.

스님의 편지는 구도자의 입장을 생각해 처음 받은것만 소개하고, 공직자의 입장이 조심스러워 복사해두었던 내 편지만을 몇 통 공개한다 그것은 지난날의 내 진솔한 삶의 한 모습일 수도 있기 때문이다

동봉해 주신 '푸르른 하늘, 맑은 새소리, 물소리'에 문득 정적을 찾는 광화문의 오후. '불도화 곁에 어리는 하이얀 나비들'을 어림도 못하는 俗人에겐 僧房의 茶香이 경이로운 體驗일 수밖에 없었습니다.

精進의 길을 넘보고 삶을 옮기도, 여유도 없는 터에 '꿈결같이 흐르는 물소리를 지키는 山人'의 초여름 소식으로 소스라쳐 놀라면서, 무작없는 旅程의 휴식으로만 치부했던 일을 저으이 無禮로 짐작합니다.

剛泉의 自然을 되새겨 주신
스님께.

1990. 6. 7.
오 종 호 올.

지난 주 모처럼 南道를 찾는 길에 마침 滿秋의
紅葉이겠다, 聞泉寺行을 벼르고 있었더니 홀연히
떠나셨다는 풍설을 접하고 적이 낙담하던 차에
뜻밖에도 소식을 주시어 반갑기 이를데 없습니다.

건강은 어째 안 좋으신가 물을 수도 없고 그저
정성으로 합장하는 마음뿐입니다.

간밤 T.V. 화면에 처음 앉힌다 눈발이 사나운
智異山의 險勢가 더욱 커 보이던데 저 길은 산속
어디쯤인가, 점점 차가워지는 날씨에 僧房은 또 따뜻한지
俗情엔 괜한 걱정뿐입니다. 벌써 몇해 흐른 것
같은데 얼뜻 뵌 스님의 모습이 하기는 잘 잡히지도
않습니다. 인연을 끊고 出家하신 분과 이런 연유가
새삼 어인 일인가 두려운 마음 한편에 없지 않지만,
심산유곡의 물 소리 바람소리를 들으며 俗事를 다스리는
귀한 축복으로 삼겠습니다.

부탁하신 국어사전 우선 보내드립니다. 새 맞춤법,
표준어로 된 최신판으로 골랐습니다. 마침, 내 서재를
뒤적이다가 요행히도 三國遺史를 발견하고 필요한
분에게 전해드리게 된 것도 기쁜 일입니다.
어서 건강하시기를 빌면서 —.

92. 11. 11. 오종훈 드림

第三信

산중의 정성이 담긴 스님의 年賀狀을 받고보니 반가움에 앞서 경건해지는 마음입니다. 雜事에 시달리는 渦中에서 소식을 드린다는 일이 행여 俗塵이나 묻어갈까 망설여지며, 평정한 마음이 되기를 기다리다가 오히려 禮를 잃어버린 셈이 되었습니다. 삭막한 겨울의 거리, 無味한 긴장의 나날... 이런 각박한 도시생활에서 넉넉한 마음을 찾으려던 것이 애당초 잘못이었던가, 서울은 늘 이렇게 메말라 있습니다.

곳곳에서 폭설의 소식인데 하물며 첩첩 智異山 山中은 얼마나 매서운 눈바람을 감당하고 있을까. 전에는 모두 아득하게 絶海孤島가 된 눈덮인 山을 그저 한폭의 그림처럼만 여겨왔건만, 이제 그 山에 一點 比丘尼로 대자연을 포용하며 精進하고 계신 스님의 精舍를 생각하니 그 정적, 그 삭풍이 예사로 넘겨지질 않습니다.

며칠 뒤면 설날, 인적도 없을 白雪의 庵子에서 건강이 지금은 어떠신지 답답한 것이 한둘이 아니지만, 이 또한 부질없는 俗情인가, 문득 들리는 讀經 소리에 어느덧 겨울이 녹는듯합니다.

부디 축복의 새해가 되시기를 합장합니다.

'93. 1. 19 오 종 호 드림.

第四信 1

이렇게 비통하고 絶望에 사무친 글을 받아 본 일이
있었던가. 30년 師弟의 정분이 이토록 진한 것인가.
죽음은 정녕 무엇으로도 극복되지 못하는 絶對인가. 色則
是空이요 空則是色이라 했거늘 別離의 아픔은 어인
일인가. 行間마다 넘치는 걷잡을 수 없는 슬픔에 한동안
茫然해하면서, 人間的인 너무나 人間的인 至純한
한 比丘尼의 눈물에 진한 情懷를 느끼며, 도무지 위로의
힘이 되어드릴 수 없음이 안타깝기 짝이 없습니다.

전혀 상상도 되지 않는 29시간의 그 엄숙한 茶毘式.
생전의 생활과 말씀을 잊을 수 없어, 견딜 수 없이 괴롭고
참기 괴로워서 그 불속으로 같이 뛰어들고 싶은 충동을 누르며
허망한 재로 변할 때까지 그 긴 시간 목이 메어 지켜
보셨다는 痛恨도 헤아려볼 수 있거늘, 하물며 며칠째
식음을 전폐하고 깊은 嗚咽속에서 헤어나지 못하게 하는
高僧은 어떤 분이었을까. 깊은 애정으로 感動을
주던 가르침, 求道者의 삶을 철저하게 示現하신
진지한 日常, 그러면서도 자기를 드러내지 않던 가난한
마음이 남은 사람들을 이토록 哀痛하게 하는 것이
아닐까. 유명하다는 사람이 누구며, 명성이 도대체

第四信 2

무엇이란 말인가. 위대한 生涯는 보이지 않게 마감한
이러한 無名人에게 있는 것이 아닌가. 이름없이 살다
간 이런 偉人을 얼마나 또 우리는 모르며 스쳐 살아
왔을까. 하늘이, 老스님께서 자주 창문을 열고
바라보셨다는 하늘이 맑고 푸르러 가슴을 시려하는
여진 弟子를 두신 그 열반은 오히려 행복한 것이 아닌가.
無常한 人生을 새삼 한탄한다고 하여 心弱한
修道僧이라 생각하려 하지 아니합니다. 喜怒哀樂이
있어 生動하는 삶이 있고, 萬象을 천착하는 뜻도
나온다고 믿습니다. 어차피 허망한 人生으로 태어난
하루살이라고 한면 情을 탓함을 어찌하겠습니까. 生命을
사랑한다는 것이 얼마나 윤기있는 일이며 그래서
森羅萬象이 영롱해지는 것은 아닙니까.
미욱한 衆生으로 위로드릴 수 있는 말을
찾는다는 것이 허사임을 압니다. 스님! 어서
눈물을 거두고 이제 일어나십시오.

'93. 2. 8. 오 종 호 드림.

追伸: 전화기 구입용 소액환 2장을
전화 Card와 함께 동봉합니다.

[書簡文]2- 山寺와의 對話

서간문 | 2005/07/27 22:51

第五信 1

禪房을 찾아오는 異邦人의 속진을 씻어주기나 하려는
듯, 때 아닌 春雪이 天地를 현란하게 하는 智異山。
그 장엄한 산속을 오르고 오르면서 이렇게 깊은 산속에
계셨던가 새삼 놀랐습니다。 3년전 [illegible]泉寺에서의
어렴풋한 기억을 더듬으며 아, 이분이 바로 K스님이었
던가! 눈발속에서 萬感이 교차하는 邂逅가 아직도
채 가시지 않은 여운으로 살아오르고 있습니다。

그 정갈한 僧房에서 정성으로 달여주시던 작설차。
正坐하고 계신 단아한 모습이 깊은 인상으로 남아 있습니다。
나누고 싶은 이야기가 끝이 없을 것같기도 하련만, 그렇게
덤덤히 앉았다 올 수밖에 없었던 것도 안타까웠는데,
더욱 무더기로 쏟아지는 눈발속에 合掌하고 서 계신
庵子를 내려오면서 한편으로 애처로운 마음 누를 수
없었던 것은 세속에 젖은 값싼 感傷 탓일까。

그날밤, 산 아래에 내려와 잠자리에 누워서도
同行한 사람들, 심지어 집사람까지 호기심으로 話題에
올리는 것이 영 마땅치 못하여 홀로 벙어리가 된 채 이런
생각 저런 생각으로 늦도록 잠을 이루지 못했습니다。
人生이란 과연 어떻게 살아가야 한단 말인가, 끝도

第五信 2

한도 없는 그런 생각을 되풀이하면서 …。

졸지에 스님으로부터 선사받은 酒敎。醉中夢生의 그런 酒敎徒나 될 수 있으면 차라리 다행이겠습니다. 人情이 그립고 아름다운 것을 사랑하는 感性이 이 각박한 都心에서 어디에나 있습니까。문득 퇴근 길에 목노에 앉아 소주 한 잔 놓고 깊은 想念에 잠겨 있는 외로운 都市人의 心性을 헤아려 보실 수 있습니까。

上京해 계시다는 뜻밖의 전화를 받고 달려나가기는 했으나 때는 되었는데 모두가 肉食집이라, 어디로 모셔야 하는지 쩔쩔매면서 배우는 인사동 골목을 헤매던 엊그제 일이 또한 새롭습니다。이렇게 갑자기 연락해 만나뵐 줄이야! 그날도 빈혈기라고 어지러워하셨는데 낯선 여행길이 편안하셨는지, 고향이라는 경상도 먼 시골길을 찾아 바랑을 메고 떠나시던 스님의 뒷모습이 아직도 눈앞에 선연합니다。

글 한 줄 쓰기도 이렇게 힘든 낫놈。벌써 며칠째 이 편지를 쓰다 말다 했는지 모릅니다。그러나 이렇게 스님과 마주 앉아 있는 시간은 얼마나 마음이 순화되는지, 수발하는 행자도 되지 않던데 부디 自愛하시어 어서 건강하시기 빕니다。

'93. 3. 11 오종호 드림。

第六信 1

会議를 하고, 결재도 하고, 계획해온 것들을 다듬기도
해야 하고, 때로는 화도 나고, 답답하기도 하고, 宣達할
내용들은 살펴볼 겨를도 없을 만큼 분망하기도 하지만,
모두가 우리의 학생들과 선생님들에게 관련된 것들이라
생각하면 어느것 하나 소홀히 할 수 없는 일들. 속이
상해도 참고, 온갖 民願人들에게도 친절하게 응대해
주어야 하고, 더구나 改革의 시기에 폭주하는 업무로 허덕
이더라도 行政은 곧 奉仕라고 직원들을 타이르기도 하지만,
돌아서 생각하면 왜 내 마음인들 아프지 않고 내 직원들이
딱하지 아니한가. 나 하나 하나가 政府라고 생각하며
우리가 몸담고 있는 이 部處의 수준을 높이자고, 中央의
公務員으로 선택된 명예를 지키자고, 다그치고 격려하며
의연한 모습을 보여주려 하지만, 혼자 앉아 있으면 밀려
오는 외로움을 한편으론 어찌할 수가 없습니다.

비판만을 能事로 아는 사람들이 판을 치는 世態나,
즉흥적 자기본위로만 움직이는 무책임한 매도에 상처를
받더라도 소신을 가지고 소임을 다하자고 서로 다짐하곤 합니다.

서울에서도 한복판, 광화문 16층 사무실에 앉아
이처럼 끊임없는 事件, 事故며 철없는 아이들의 非行問題로

第六信 2

시늉을 해야 하는 곳을 日課가 스님과 스님이 계신
智異山의 庵子 있는 얼마나 극명한 대조를 이루는
처지인지, 俗世의 한복판과 清淨海域의 대비같아
생각할수록 신통한 奇緣으로만 여겨집니다.

벌써 몇번째 받은 편지. 音色이 지쳐있다고,
전화하기도 두렵다고 안타까워하시면서 〈분꽃〉에 담아
보내주신 詩心도 감사합니다.

스님이 衆生을 濟度하시는 法悅에 비할 수는 없어도
그러나, 내 영역의 사람들을 보호하고 지원하면서, 작으나마
이 나라 教育發展에 기여하고 있다는 자긍심으로 고된
일이라도 위안을 받으며 힘을 내곤 합니다. 결코 海草
처럼 自我를 상실한 채 떠밀려가는 都市人의 삶이
아닌, 건강하게 살아가려고 늘 채찍질하고 있습니다.

'酒教가 아닌 茶教가 되시압' 근엄한 教示(?)
와 함께 보내주신 작설차. 그 茶香에 묻혀
어느 사이 성큼 이 서울에 찾아온 봄을 맞고 있습니다.
오래 회신 드리지 못해 죄송하던 터에 마침 이런
화창한 봄소식을 전해드리는 것이 여간 다행이
아닙니다. 어서 智異山의 꽃소식도 듣고 싶습니다.
안녕히 계십시오. '93 4.8 오종호 드림.

第七信

求道者의 마음은 이렇게 맑은 것입니까. 대숲이 둘러싸인 잔디밭에서 노을에 취해 서계신 한폭의 동양화를 봅니다.

이곳에 부임한 지도 어언 2年余, 처음으로 오랫만에 스님과 마주하고 보니 모처럼 마음이 정결해지는 듯합니다. 관내 주민이 190여만명, 웬만한 道보다도 큰, 전국에서 가장 비대한 教育庁이니 이곳 업무량을 짐작하실 수 있을 것입니다. 더구나 서울이라는 곳은 수도 없이 많은 단란주점이다 노래방이다 그런 업주들과 교육환경정화를 위한 法때문에 끝도없는 是非에 휘말려야 하고, 自治制와 더불어 民願은 폭주하고 보니 영일이 없는 날들이었습니다. 재개발을 한다고 20여층 아파트가 신설되고 보면 그 학생들은 어디다 수용한단 말입니까. 응당 학교지을 땅을 내놓아야 하련만 자기들 財産权만 앞세우니 해결될 턱이 없는 것입니다. 教育長이 학생들의 교육 활동지원에 주력하여야 할터인데 本業은 뒷전으로 밀리고 엉뚱한 일들로 이렇게 허우적거리는 것이 大都市 公職者들의 갈등인가 봅니다.

精舍를 스스로 세우시는 力事에 격려와 찬사를 아끼지 않습니다. 그 숱한 애뜻 사연들을 다듬어 주셨으니 그 禪庵은 정녕 閑村의 가난한 衆生들에게 청량한 샘터가 되리라 믿습니다.

찾아주셨는데 손도 한지못한 안타까움이 큽니다. 都心은 이렇게 迷路도 많은가, 그 속을 헤매이는 미천한 生命에 하늘을 주시는 스님이 큰 위안이 됩니다.

잔디가 싱그러워지는 비개인 오후의 노을소식이 반가워서 산빛은 서늘치 않았습니다. 늘 편안하십시요. '95. 7.25

오종호 올.

바람이 만난 한국의 四季

발행일 2024년 5월 27일

지은이 오종호
펴낸이 손형국
펴낸곳 (주)북랩
편집인 선일영
편집 김은수, 배진용, 김현아, 김다빈, 김부경
디자인 이현수, 김민하, 임진형, 안유경
제작 박기성, 구성우, 이창영, 배상진
마케팅 김회란, 박진관
출판등록 2004. 12. 1(제2012-000051호)
주소 서울특별시 금천구 가산디지털 1로 168, 우림라이온스밸리 B동 B113~115호, C동 B101호
홈페이지 www.book.co.kr
전화번호 (02)2026-5777
팩스 (02)3159-9637

ISBN 979-11-7224-126-1 03980 (종이책) 979-11-7224-127-8 05980 (전자책)